水變成冰是哲學問題？

哲學新媒體——策畫

孫有蓉——主筆
邱獻儀——協力

12位大哲學家×11次劃時代重要翻轉，
一部寫給所有人的自然科學哲學史

目次

〔推薦序〕**跨越疆界，探查科學的真實樣貌** 11
〔推薦序〕**在科學與哲學、歷史無須涇渭分明之處** 16
〔導論〕**自然科學問題為什麼是哲學問題？** 21
自然科學翻轉的關鍵是哲學問題？ 24
定義的改變，也是觀點的轉換 25
如何閱讀這本書？ 28

第一章

古希臘與自然知識的起源——泰利斯 33
哲學家小傳——泰利斯 35
從自然故事到自然研究 37
古希臘人為什麼總問「起源」？ 40
泰利斯改變科學史的一句話 41
科學是一門奠基於許多「預設」的學問 45
3分鐘思辨時間 47

第二章

自然無常，如何建立科學？——蘇格拉底 49
哲學家小傳——蘇格拉底 51
蘇格拉底的人文轉向 53
什麼才是永恆不變的真理？ 56
知識應該往內檢查 59

3分鐘思辨時間 61

第三章
自然神話與或真解釋——柏拉圖 63
哲學家小傳——柏拉圖 65
自然知識是神話？ 67
不必然為真，但「有機會為真」 69
與現代物理學非常不同的思考框架 72
數學、幾何與自然知識 75
3分鐘思辨時間 81

第四章
自然科學的誕生——亞里斯多德 83
哲學家小傳——亞里斯多德 85
亞里斯多德談「普遍事實」 86
亞里斯多德禍害科學？ 90

歸納法、分割法、三段論證 94
3分鐘思辨時間 102

第五章
由上帝編碼的世界——中世紀的自然哲學 103
哲學家小傳——阿奎納 105
「使得貓之為貓」的關鍵 108
不只是個神學家，阿奎納意外的貢獻 113
亞里斯多德科學觀最後一搏 117
3分鐘思辨時間 120

第六章
「我思故我在」與自然科學數學化——笛卡兒 121
哲學家小傳——笛卡兒 123
笛卡兒與士林學派 126
形上學沉思與我思故我在 129

從「我思故我在」到新科學模型 134
3分鐘思辨時間 138

第七章
實驗為什麼可以生產知識——霍布斯與波以耳 139
哲學家小傳——霍布斯 141
哲學家小傳——波以耳 142
當實驗成為科學方法 144
「真空」存在嗎？ 148
實驗為什麼會危及科學知識的定義？ 152
自然科學與哲學分道揚鑣的開端 155
3分鐘思辨時間 157

第八章
自然因數學而科學——康德 159
哲學家小傳——康德 161
從理性主義與經驗主義之爭到哥白尼轉向 164

眼睛業障重？ 166
「先驗綜合判斷」的歷史創舉 171
3分鐘思辨時間 178

第九章
你確定數學是上帝創造世界的語言嗎？——胡賽爾 179
哲學家小傳——胡賽爾 181
世界與我的天人永隔？ 183
胡賽爾面對的二元對立死局 186
意向性：意識永遠是朝向某物的意識 187
科學是長時間互動的結果 193
3分鐘思辨時間 198

第十章
科學革命——孔恩 199
哲學家小傳——孔恩 201

顛覆的年代 202
科學的建立與崩潰 206
「格式塔轉移」與「典範轉移」 211
不可共量性與科學進步的意義 215
3分鐘思辨時間 217

第十一章
經驗知識與自然科學——波柏 219
哲學家小傳——波柏 221
邏輯實證論的轉彎 223
有可能被推翻的才是科學 227
3分鐘思辨時間 231

後記 **哲學史中的科學交響樂章** 232

——推薦序——

跨越疆界，探查科學的真實樣貌

台灣大學哲學系教授　王榮麟

所謂的科學哲學，指的是以科學作為對象，探討其中的哲學問題，這包括科學中所涉及的形上學、知識論、邏輯、方法論、語言哲學、倫理學等等的問題。以科學作為探討對象的學科，顯然並不只有哲學。舉凡歷史、社會學、人類學、心理學等等，也同樣可以科學作為研究的對象。事實上，學科之間的劃分並不是固定不變的，學科之間的疆界也並非完全明確，往往會有重疊交錯之處。如果我們想要理解科學的真實樣貌，避免盲人摸象之以偏概全的缺失，比較適當的方式會是跨學科的合作與交流，共同拼湊出比較完整的科學圖像。另一方面，所謂的科學，其實包羅甚廣，有物理學、化學、生物學、醫學等等，其中的每一門學科又都可以再劃分為更專門的研究學科。這些學科雖然都是屬於科學，但它們彼此之間又各有特色，未必使用相同的研究方法，也未必接受相同的價值觀，甚至連研究的典型與範例都不盡相同。總之，以科學之名而稱之的種種學科，其實未必具有高度的同質性，如果我們想要對這些學科有比較真實精準的理解，就要避免一概而論。

在這本《水變成冰是哲學問題？》中，作者清楚知道科學的複雜性，因為連所謂的科學或科學知識，也並非從古至今一成不變的客觀事實。相反，隨著歷史發展的不同脈絡，人們對科學的看法也隨之改變。而這樣的發展，誠如作者所言，並不是線性的發展，不是一路拓展與深化知識領域的問題。在這點上，我傾向同意作者的見解。關於科學的變遷，歷來有兩種主要的看法。一種認為科學的發展是一點一滴，持續累積的進展，有如接力賽跑或是疊羅漢。上一代的科學家往前跑了一段路，將棒子交給下一代的科學家，由下一代的科學家往前繼續跑一段路，再把棒子交給下下一代的科學家，如此前仆後繼，終底於成。牛頓不就曾經說過，他是站在巨人的肩膀上，才看得更遠嗎？第二種關於科學變遷的看法，則是認為科學的發展並不是連續的，而是斷裂的。不像接力賽或是疊羅漢，而比較像政治上的改朝換代。不是接著跑或是疊上去，而是另闢蹊徑或整個打掉重練，也可以說是換顆嶄新的腦袋來想。這兩種科學變遷的模式，各有支持者擁護。至於哪一種更貼近科學發展的實情？或是不同的學科在不同的時期，有時是連續發展，有時則是斷裂變遷？這些恐難一概而論，取決於不同學科、不同時期的資料分析，須留待進一步的考察研究才能論斷。

至於促成科學變遷的因素是什麼？本書作者特別指出，在科學演進背後的哲學論戰，以此作為脈絡，可以看到科學與哲學在歷史發展上的滲透與互相的影響。本書不是自然知識的思想史，更不是自然科學史，而是自然科學發展的哲學脈絡史。就此而言，它屬於哲學史。不過，對於關心自然科學知識的讀者，本書所提供的哲學脈絡，仍然有助於其理解科學知識的演變軌跡，這是因為科學知識並非橫空出世，而是在某個特定的知識脈絡中誕生與發展。除了哲學脈絡之外，促成科學變遷的因素還有其他，有興趣的讀者可以在閱讀完本書之後，另外參考思想史或科學史的研究。一般而言，促成科學變遷的因素可分為內在的與外在的兩種。內在的因素指的是推進科學知識發展之內部的因素，包括解決理論本身內部不一致的問題，或是將原本有別的理論統合成一個更具解釋力的理論，或是新現象的觀察與獲得理論的處理等等。至於外在的因素，指的是推進科學知識發展之外部的因素，包括宗教、政治、經濟、社會等的因素。這些外在因素的影響力很大，有些甚至不亞於內在因素的影響力。

本書雖然篇幅不大，但時間跨度很大，從古希臘一直到二十世紀，談論到的哲學家包括泰利斯、蘇格拉底、柏拉圖、亞里斯多德、阿奎納、笛卡爾、霍布斯、波以耳、康德、胡賽爾、孔恩、波柏等。如何以極為有限的篇幅介紹這些知名哲學家的思想，對作者而言無疑構成巨大的挑戰。值得慶幸的是，作者完成了這項艱難的挑戰，讀者有幸可以跟著作者穿越時空領略這些偉大哲學家的見解。有興趣的讀者可以在閱讀完本書之後，另外參考哲學史方面的書籍，尤其是與自然哲學相關的歷史著作，包括希臘的原子論、中世紀的巴黎學派和牛津學派、達文西、伽利略、萊布尼茲、牛頓、現代原子論等等的重要思想。

—推薦序—

在科學與哲學、歷史無須涇渭分明之處

台北市立建國高中歷史科教師　黃春木

我認識不同學科、文化或宗教背景的朋友，大家經常在不同的場合討論各種議題。在我的經驗中，似乎有一些「大逆不道」的事情不宜拿來做學術探討，而且最好想都不要想，最主要的「禁忌」，一是探討「神」的歷史，二是探討「科學」（直接省略「自然」二字）的歷史。原因倒是簡單，「神」或「科學」都是客觀明確、永恆不變的，何來歷史可言！因此不曾存在「神的歷史」或「科學的歷史」，凡人能夠探討的，充其量只能針對「宗教」，或「科學研究」而已。

如此看來，對於某些人而言，「科學」其實也上了神壇，與「神」一般崇高偉大，穩居知識領域的最高位階，並且可以指導所有的知識領域，無論哲學、社會科學，或其他。

換一個視角來看，台灣教育界、學術界，乃至整個社會長久以來相當重理工、輕人文，基本上很難理解「科學」怎麼會與「哲學」扯上關係，而且怎麼會有一本書還指稱「科學問題是哲學問題」！此外，書中所提到的人物，除了笛卡兒、波以耳之外，其餘人等大概只會出現於歷史教科書中，甚至「沒沒無聞」，他們怎麼突然之間與「科學」關聯緊密？如果他們這樣地重要，為什麼數學或科學領域（物理、化學、生物等）教科書提都沒提？

之所以會出現以上的疑惑或困擾，是因為我們已經習慣於將知識分門別類，尤其是學生，求學過程往往局限於教室、教科書與考卷，多半與真實世界疏離，導致習得的知識幾乎都淪為紙面資訊或考題模式，而「求學」則不免異化為解題的「求解」。解題，是由命題者給定了條件或訊息，命題者「界定問題」，並預設「解決問題」的策略或路徑，甚至還透過選擇題的四個選項，預設其中「有且只有一個」正確答案。

然而在真實世界中，上帝或大自然從來都不會是這樣的命題者，解題技巧於是派不上用場。如何覺知、發現問題，如何界定、提問問題，如何探究、解答問題，不曾有既定模式，或者四選一的限定選項。這整個過程非常需要觀察、認知、理解、思辨、組織、論證、創意等高層次思考能力，以及好奇、同理、忍受挫折、彈性或開放心胸等人格特質。

其實，科學起於好奇、提問，以及鍥而不捨的探索，至於答案，只是暫時的解答而已。這應該就是本書最希望傳達的「科學精神」。

若回歸歷史探討，「科學定義」翻轉的關鍵往往來自於「哲學觀點」的變遷，或說是來自新的「哲學問題」提問。而且千百年來，科學典範一直在轉移，針對科學的觀點改變，便導致研究對象、研究方法、甚至針對「真理」或「有效知識」成立的判準，都可能會隨之產生變化。因此，我們唯有擺脫當今科學神聖權威的圖像，重新探問這些被我們視為理所當然的想法，督促自己去檢視自己的思想局限，就像本書所介紹的哲學家和科學家，只有當他們看到自己時代的思想局限，這才提出了突破局限的可能，促進科學的發展。

若要探究科學與哲學、歷史的關聯，相關的學術成果已經非常多，而且方興未艾。之所以會有這等探究，原因之一是要批判「科學至高無上論」所導致的危機。但所謂「批判」未必是負評或否定，而是經過仔細的檢視及思辨，予以恰如其分的定位。換言之，批判是「反思」加上「重新定位」，予以「科學」適切的認知，這顯然是一個比直接給予「負評／否定」還要複雜而艱難的工作。

身為人，我們要因「人」的有限性，或有限理性而謙虛。我們曾經妄想經過觀察和思辨而建立（或發現）「理論」，掌握統一的法則或規律，以便窮盡萬事萬物。「理論」的英文是theory，源自希臘文「theōria」（θεωρία），原來具有觀看、沉思、推測的意思，但同時也是指「被派遣去徵詢神喻的使者」，以便通過神諭而掌握律則。由此似乎可以推知，人再怎麼聰明，也難以如神一般全方位的觀察和思辨。而回顧近代以來的歷史發展，「科學至高無上論」確實已導致不少巨大的危機或損害。

因此，讓我們放下對於「科學」的執迷，或教科書所塑造的神奇與艱深，回到人的心靈如何對自然或世界發出疑問，並率真地努力探求解答。在這裡，關於「科學家」、「哲學家」等稱謂，都是多餘的。

導論

自然科學問題為什麼是哲學問題？

人天生渴望求知。

——亞里斯多德（Aristotle）《形上學》

請先思考以下四個問題：

科學知識一定是亙古不變的嗎？

自然科學已經提供給我們實用的知識，為什麼還要關心自然科學的歷史？

科學與哲學要怎麼放在一起討論？

你認為「自然科學的哲學史」是什麼？

科學是什麼？自然科學又是什麼呢？數學是自然科學嗎？數學好像不是很自然，也算是自然科學嗎？為什麼如今彷彿只有自然科學才能代表真正的知識？為什麼同樣都是知識，自然科學卻好像比較「高級」？

這些問題也許大家曾經想過卻沒有答案，有點好奇卻不曾得到解答，畢竟今天的自然科學已經具備「最高知識的地位」，社會也不斷地灌輸自然科學的權威與知識精確、有效、可實證性，不再討論這個被我們稱為「自然科學」的知識能夠走上神壇的原因。我們甚至可能覺得「自然科學」的概念已經很明確，沒有必要討論到底什麼是自然科學，更沒有必要討論什麼是「自然」、什麼是「科學」。

的確，探討這些問題不會讓你微積分變好，也不會讓你的物理化學拿更高分，更不會讓動力學知識更有效，但有時候，我們就是想要知道、想要追問，就像世界上所有偉大的科學家，也都是在好奇心的驅使下才打破原本知識的框架。正如開頭的引言，亞里斯多德《形上學》開篇第一句話：「人天生渴望求知。」這本《水變成冰是哲學問題？》，不是一本讓讀者背誦歷史上重要西方思想家理論的書籍，更不是一本讀完之後就可以賣弄哲學理論的書籍，這本書的目的在於培育與陪伴讀者的好奇心，針對自己生命過程中必定多少認識但沒有機會探問的一大主題——「自然科學」，向哲學家尋求一些解答。

面對這本探討自然科學的哲學史著作，我們很自然地會認為因為人類在歷史上曾經有不同的思想發展，只要按照歷史時序來編排，應該就可以得到一部思想史。但大家思考一下應該就可以發現，自然科學的發展在歷史上並非只有線性發展，也並非只有拓展與深化知識領域，更多時候自然科學家的偉大之處是展現在扭轉人類整體知識結構的重大翻轉。這樣說來，歷經翻轉的自然科學知識其實並非像1＋1＝2一樣亙久不變，而歷史上這些翻轉的關鍵時常是「哲學問題」而不是科學問題。

自然科學翻轉的關鍵是哲學問題？

為什麼自然科學翻轉的關鍵會是「哲學問題」？這是因為，導致翻轉最直接的原因往往在於世人對於「自然物」、「科學研究對象」、「真理判準」、「科學」的定義有所轉變。那麼，為什麼定義改變了，就一定是哲學問題呢？我把水的定義從「流動無色無固定形體的物質」改成「一氧化二氫」（就是H_2O），這難道是個哲學問題嗎？

此處的「定義」二字，跟大家生活中不管在網路上筆戰，或與人辯論時會隨口拋出的「我跟你定義不同」雖然有著相似之處，卻不完全一樣，因此引發的效應也有很大差異。通常當我們拋出「我跟你定義不同」這句話，指的是我跟你討論的前提不同、基礎不一樣，而從不同基礎上推論出來的意見自然完全不同。科學研究之內部定義的改變，同樣也意味著整個科學知識的基礎有所變化，但差別在於，科學研究上，定義的差異並非只是單一學者偏好使用另外一個定義，而是代表著整個科學典範的轉移，簡單來說，就是對「自然科學」的觀點發生改變，從而可能導致研究對象、研究方法、甚至連什麼樣的內容能夠成為有效知識的判斷都出現變化。這些改變本身，比如說水的定義從「流動無色無固定形體的物質」轉變成「一氧化二氫」本身也許並非哲學問題，但這類轉變常常是哲學論辯間接造成的結果。

定義的改變，也是觀點的轉換

當我們說水是「流動無色無固定形體的物質」跟水是「一氧化二氫」，不只是「水」這個字的字義產生了變化，而是那個被我們稱作「水」的存在本身出現不一樣的界定。在這兩個定義之間，前者的「水」是一種符合定義條件的獨立物體，也就是那個流動無色無固定形體的「東西」，後者卻是一組由更基本元素組成的複合體。也許聽起來沒什麼大不了，不過就是從一個獨立的「東西」變成了一種「複合體」，但這個轉變深刻地牽涉到我們如何定義「自然存在物」。換句話說，從「一氧化二氫」的觀點而言，「水」並不是「一個」真正的存在，真正的存在是那些化學元素，而當我們研究物理性質，研究對象也不是「水」這個存在本身，而是一個氧碰到兩個氫的時候會出現的現象。這一個簡單的定義改變，代表對存在物觀點的整體轉換，在此觀點轉換之前，「一氧化二氫」這個定義根本不可能進入任何研究者的思想範圍當中。這本書想要向大家介紹的，正是促成科學演進背後的哲學論戰。隨著不同的哲學論戰界定出科學研究的對象、科學的定義、自然的定義等等，自然科學也發展出不同的模樣。當然在哲學史上，自然科學的發展亦多次反過來影響哲學討論，讓哲學家致力於為科學知識建立起穩固的真理基礎，在這一點上，本書將會介紹的法國哲學家笛卡兒（René Descartes）和德國哲學家康德（Immanuel Kant）都是最好的代表。

講到這裡大家會發覺，影響自然科學最大的兩個問題就是「自然是什麼」和「科學是什麼」。「自然是什麼」這個問題從古希臘的蘇格拉底（Socrates）之前就已經使智者十分著迷，畢竟我們生活的環境每天都在變動，充滿了無常，但同時日出日落、春夏秋冬又有著高度規律。而「科學是什麼」的問題，更是進一步要求哲學家將認知這件事情區分出不同的層次、甚至層級。這些在我們看起來也許理所當然，因為正如同所有生活在自己時代的人，我們完全沉浸在一個自圓其說的文化當中，所以對我們來說科學比神話有價值是毫無疑問的。重新探問這些被我們視為理所當然的想法，也是逼迫自己去檢視自己的思想局限，就像本書將介紹的所有哲學家和科學家，只有當他們看到自己時代的思想局限，這才可能突破限制。

回到這篇文章開頭的四個問題，現在，你能夠回答這四個問題了嗎？

如何閱讀這本書？

1. 本書是一本以哲學方式來對待哲學史的書

與一般單純以時間排序哲學家思想的哲學史書籍，或是以時間排序思想理論的思想史書籍不同，這本書針對的是特定問題在歷史上誕生、演變、爭辯、翻轉的思想動態過程。因此，本書重點不在於「誰說了什麼」，而是「他為什麼在這個時代提出這樣的理論」。就好像如果我們將牛頓（Isaac Newton）擺到中世紀，當時的思想家不僅聽不懂牛頓的三大定律，還一定會認為三大定律不符合科學知識的條件。這本書想帶大家一起思考的，正在於指出所有知識都有其出現的知性發展脈絡，每一位哲學家也是活在人類社會裡，受到教育、文化、社會影響的人，因此每個理論的提出，其實都在與一個時代的問題對話。但有趣的是，當我們意識到每一個人都受限於自己的時代脈絡，反而更能夠欣賞各個重要思想家的天才之處，因為只有知道他的時代有著什麼樣的限制，我們才能真正理解到他的翻轉有多麼得來不易。就好像如果完全不知道古典物理學對人的思考模式造成何種限制，那麼我們就算知道愛因斯坦（Albert Einstein）非常聰明，也很難欣賞他到底開創了什麼新眼界。

2. 本書的主題是「自然科學」

自然科學是所有人都聽過而且受其影響很深的詞彙，但就像哲學圈裡面的一個定律，通常大家愈熟悉的概念，愈是一問之下才驚覺自己的認識原來如此含糊不清，「自然科學」這個遍布整個社會的詞彙，正是因為已經重複太多太多遍，而幾乎讓我們對其失去反思能力。所以這本書借助歷史，帶我們脫離已經太過習慣與舒適的思考慣性，重新思考如果沒有這麼多既有的龐大科學理論與科技運用的時代，單純的人如何面對不斷變動的自然世界、又如何看待針對自然界的知識性質。這本書將著重於哲學家針對自然知識概念的爭論，因為歷史上每一次的重要爭論都代表著思想的翻轉與推進，同時也代表著世人看問題的方式不斷演進，最終才孕育出我們今天所看到自然科學的知識地位。

3. 這不是一本自然知識的思想史

本書內容不在於介紹自然知識的理論，而在於探討「自然科學」這個概念從哪裡來、如何定義、如何擁有今日的知識地位。我們會探詢自然變動下真理的起點，從人類第一次透過建立抽象理論以理解自然變化，向大家介紹自然科學是如何經過多次演變而有了現在的樣子，因此本書會以古希臘自然學家泰利斯（Thales）作為起點，為大家呈現自然科學如何從非常簡易的原則，演變成毫無確定性、宛如神話一般的模糊認知，接著是將物理數學化的笛卡兒自然哲學，一路到二十世紀愛因斯坦突破牛頓物理學的翻轉關鍵。

綜合上述，我們介紹的哲學論戰會集中在對「自然」、「科學」、「自然科學」三個定義的辯論，和大家一起探問，變幻無常的世界如何能夠讓我們建立起客觀、普世而且恆定有效的知識。同時，透過呈現歷史上的哲學家如何突破既有框架，看到自己時代的限制，也許有朝一日，我們也有能力看到自己時代的局限，從而開創新的視界。

本書內容是從哲學新媒體的聲音節目〈冰的哲學〉重新改寫而來，儘管大部分介紹的哲學家都與聲音節目中相同，但增添了不少內容和參考資料，如果讀完意猶未盡，還可以更深入閱讀其他作品。

第一章

古希臘與自然知識的起源——泰利斯

- 從自然故事到自然研究
- 古希臘人為什麼總問「起源」？
- 泰利斯改變科學史的一句話
- 科學是一門奠基於許多「預設」的學問

哲學家小傳

泰利斯

由於泰利斯（Thales of Miletus）並未留下著作，我們間接地透過一些記錄他行為事蹟的著作所知也不算多，這些論述甚至還不太一致。從這些間接的敘述中可推測泰利斯大約是生於西元前六世紀初期，死於西元前五四六年至五四五年之間。據說，泰利斯曾經預測過一次日蝕的發生，也曾靠著預見橄欖欠收而獲利，還曾因為邊走邊看星象而跌落洞中。我們無法確認這些事蹟是不是都是真的，但根據亞里斯多德在《形上學》一書中的記載，可以確認泰利斯是第一位（有紀錄的）提出「世界之根本性為何」這個問題的人，不管他的答案在如今看來再怎麼不科學，這個不僅止於找出自然現象之原因的超越性探問，讓他成為西洋哲學史上公認的第一位哲學家。

要談起自然科學這個概念的起源，必須要追溯到人類第一次開始以**抽象原則**來說明萬物變動為起點，因此第一位介紹的思想家，同時也被認為是歷史上第一位哲學家，是活動於西元前五世紀的古希臘哲學家泰利斯。在這一章裡，我們除了要介紹泰利斯跟自然知識相關的思想，更重要的是討論為什麼泰利斯被稱為第一位哲學家，也同時是第一位自然科學家。西元前五世紀聽起來十分久遠，換算成大家比較熟悉的東方思想家，大概就是老子的時代，雖然是十分久遠以前，倒也不是什麼原始社會。聽到「第一位自然哲學家」，大家可能會誤以為指的是歷史記載中最早談論自然變化的人，事實上不是如此，泰利斯並不是歷史記載上第一位討論自然的人，而是第一位**使用簡單的抽象原則來有系統地說明各種現象的人**，這個抽象原則就是他最有名的一句話：水是萬物的本源／原理。

從自然故事到自然研究

今天所說的自然科學（Natural science），指的是自然的科學（science of nature），所以「自然」指的是研究對象，而「科學」則指的是符合科學定義的知識體。在泰利斯的時代，「科學」還不是指最高等且最真實的知識，至少在理論上尚未有明確的區分，但古希臘當時早就已經有眾多利用神話來說明自然現象，口耳相傳的「故事」。就好像漢語世界也存在風神、雷神、雨神的傳說和故事，這些「故事」就是最早出現針對自然變化的說明。不過，從泰利斯開始，有一群研究自然變化的人採取了不同於神話故事的方式來說明自然，他們就是自然學家，古希臘文寫作physikoi（單數為physikos）。這個稱號的出現有什麼歷史意義嗎？

這個稱號的出現，代表著自然研究的對象從此確立且正式獨立出來，而這個對象就是physis。Physis這個字看起來很眼熟，跟物理學（physics）長得很像，因為physics這個字正是從它而來。Physis這個希臘字指的就是中文裡的「自然」，而且中文「自然」兩個字其實對應得非常好：自發成為如此，因此稱為「自－然」，古希臘文的physis從動詞phyein「誕生、孕生」而來，指的是「孕生而來的產物」，因為所有自然物都有起始有終結，孕育出的產物總體就是「自然」。為什麼不管是中文或者希臘文，自然的意義都和「自然而然」的意義脫不了關係呢？為什麼古希臘文中的自然概念跟「誕生」有關？

大家現在應該毫無疑問自認知道「自然」這個詞是什麼意思，不過，讓我們回到自然這個概念還很模糊的時代，面前有這麼多不同的存在：動物、植物、石頭、流水、話語、工具、衣服、鞋子，我們要如何在這麼多不同的事物之間區分出某一類「自然物」？古希臘人注意到的是，這些東西（包括所有動物、植物、蟲魚鳥獸）在沒有任何肉眼可見的外力作用下就自己誕生，且長成特定的樣子；不像衣服鞋子，沒有人介入就不會自己產生。在這個意義上，「自然學家」（physikos，單數）名稱的出現，也代表著不單是這一種知識的研究範圍開始確立，更重要的是研究對象被「概念化」了。所謂概念化的意思，是當我們面對某一個物體，不是以眼前這一個個別、單一且有著自己獨特性的個體來理解，甚至不是以對象物質的所有性質來理解，而是以一組特定的定義來掌握。比如說我今天想要研究某一群東西，裡面包括動物、植物，但不包括石頭、流水、銅鐵山川，聰明如現代人，大家可能會很迅速地想到，我們想研究的對象是「生物」，但回到一開始，當各種種類的東西都擺在一起，我們觀察出：動物會動、植物會動，流水和石頭同樣都會動，這個時候就算創造出一個名字，我們也不會清楚地知道哪些東西算是研究對象，哪些不算。然而，一旦發現我們想研究的那些對象，動力都是源自內部，而不像石頭或流水是受外力驅動，從而將這股源自內部的動能用以界定「生命」，「生物」這個詞就將本來不知道如何區分的研究對象概念化了，各種不同的研究對象也不再是個別的動物、植物、微生物等，而藉此共同特徵，簡稱生物。在這個意義上，「生物」一詞將紛雜不同者變成單一概念，研究此單一對象的學門也就可以確立為「生物學」。同樣的，當我們確立

「自然」作為研究對象，也同時將所有紛雜的自然物概念化成了一個對象。

古希臘人為什麼總問「起源」？

神話時代，每個故事都在說明一些變化，而變化與變化之間的關係也全靠故事聯繫。自然學家的出現，就意味著大家不再只是講述著跟自然相關的內容，而是研究自然本身，更明確地來說，是**研究自發孕生之物**。

我們現在想到自然科學，會想到對自然法則的說明，但人類並不是從一開始就如此思考。在古希臘，尤其是這一群被稱為自然學家的智者，他們想探究自然萬物的孕生與毀滅之時，他們問的問題是：「自然物從哪裡來？」「是什麼在引導萬物的生滅？」因此，這個時代對自然的提問是以「起源」（archē，古希臘文：ἀρχή）的問題為核心，而非如今大家比較熟悉的「自然現象背後的法則為何」的問題。讀到這裡大家也許會覺得好奇，為什麼同樣對自然變動好奇且疑惑，這些古希臘人的提問方式卻和現代人這麼不一樣？大家應該十分熟悉「雞生蛋還是蛋生雞」的問題，透過這個問題可以看到，我們觀察自然變動時，最直覺的反應是「雞從蛋來」、「稻子從稻穀來」，而這就是古希臘人追尋起源的提問方式，這個問題不但代表在時序上一物作為另一物的起源，更同時指出一物作為另一物生成方式的決定性因素，後者剛好就是古希臘文 ἀρχή 的另一層意思：指揮、命令，也就是說，ἀρχή 同時具有「原理」的意義。自然研究一開始為什麼是探討「起源」而不是「自然現象背後的法則」，最關鍵的原因就在於「現象」和「法則」的概念並非一開始就存在的。

泰利斯改變科學史的一句話

古希臘人想要知道這個世界「從哪裡來」，而智者泰利斯認為：萬事萬物都是從水來的。這句話本身有些模稜兩可，因為泰利斯可能同時主張兩種意義：

一、萬物由水孕育而來，換句話說，所有事物都是從水生「出」來的；二、萬物都是由水構成的。也就是說，當我們說萬物是從水孕育出來的，意思是萬物存在的起源是水，但當我們說萬物由水構成，則是說水是主導萬物各自存在的關鍵，而這兩者剛好對應到前面所說古希臘文當中ἀρχή（archē）——「起源」與「原理」的雙重意義。在這裡，水作為萬物的「起源」這點還算好理解，但水作為萬物的「原理」又是什麼意思呢？

大家也許會覺得奇怪，簡簡單單一句「世界從水而來」，聽起來並沒什麼大不了，甚至有點荒謬，為什麼會讓泰利斯變成哲學之父，還是自然知識的始祖？泰利斯在說這句話的時候，當然知道萬事萬物並不是直接由水元素堆積出來的。他想說的其實是，水可以在固態、液態和氣態之間變動，而這三種狀態又可以讓我們描述所有自然事物的狀態。古代也許沒有嚴謹的「密度」概念，但古希臘人絕對擁有濃密和稀鬆的概念，也觀察到物質的濃密和鬆散與其呈現出固態、液態、氣態有關，並與運動方式有關，例如愈濃稠的液體就流得愈慢。大家也許會覺得這些很基本，居然也可以稱為哲學——單一的觀察也許很基本，但想像一下，要在所有觀察結果裡面找出一個規律，然後統合起來，用以說明所有自然事物的律動方式，這個抽象和統合的能力其實很不簡單。在這個意義上，泰利斯說「水構成萬物」的時候，這個「水」不能是具體的水，因為具體的水沒辦法真的用來說明事物的性質和運動方式，但是如果這個「水」指的是具體的水所展現出來的「形式」，這就進入到抽象的層次。

為什麼說「形式」屬於「抽象層次」？大家看到「形式」這個詞，大部分的時候可能是在尋找某個特定文書的書寫樣板，我們會聽到別人說「你按照這個形式寫就好」。這個時候「形式」這兩個字很容易理解，也就是指相對於「內容」的架構，比如在寫一封正式求職信的時候，內容可以隨意調整，但要按照一定的形式來安排內容。在這個意義下，形式就是讓不管什麼樣的內容都必須以特定方式安排，呈現出來的那個框架。我們開始注意到不同的內容可以擁有同樣的形式的時候，形式就開始被獨立出來討論。就好像我們發現所有成功的求職信，共通點就是不管你學歷如何、不管你文筆如何、不管用文字還是圖片或影片呈現，大家都是先講學歷、再講經歷、然後寫能力，最後寫動機。在這個意義上，掌握到形式，就已經掌握到多個具體對象之間共同的抽象組織方式，而形式之所以抽象，正是因為它同時顯現在多個具體物身上，唯有抽象對象能夠同時出現在多個不同的具體事物身上，又可獨立被思考。所以，當泰利斯說水是萬物的原理，這個「水」並不是摸得到、會流動的水，而是水的存在形式，也就是三種狀態之間以特定的方式相互轉換，每一態都具備自己的特性和運動方式，比如說密度不同、硬度不同、移動方式不同。我們可以在所有自然物上看到相同的運動形式，換句話說，我們可以在木頭上面看到相同形式的運動：「木」這個元素密集的時候，我們只能靠推力來移動它，鬆散的木屑則可以飛揚，跟水變得很鬆散而呈現氣態的時候類似。就好像我們在所有求職信裡面找到一樣的形式，泰利斯也在所有自然物的運動狀態裡面找到一個共同的形式，對他來說，此一形式完整地呈現在水這個物質上面，只有水可以呈現所有我們在其他事物上觀察到的運動形式，在這個意義下，水一定是萬物的基礎。泰利斯的水，因此代表了人類歷史上的第一次抽象思考（當然是我們可以找得到歷史記載的第一次抽象思考），所以他才獲得哲學之父的寶座。

科學是一門奠基於許多「預設」的學問

有些人也許會想，泰利斯用水解釋世界，但這跟我理解自然科學有什麼關係？我就算不理解泰利斯，還是照樣可以理解自然科學啊！的確，不理解泰利斯，現代的自然科學也不會因此崩毀或失靈，不過這個哲學的第一小步也許可以提醒我們，自然知識的關鍵不在經驗、不在觀察、不在現象重複，而在於分析出萬物運動的「形式」，以此歸結出運動原理，這些形式和原理之所以可以稱做知識，正是因為它們可以說明、解釋現象。因此，自然科學的核心不在現象和實驗重複現象，而在於**有說明性的原理原則**，同時這些說明性的原理原則也預設了對現象的特定形式理解。今天自然科學領域裡著重經驗的實證精神，其實建築在很多非經驗的人文基礎上，不過正因為泰利斯的年代與文化背景都距離我們非常遙遠，更能展現出理解、詮釋經驗需要的思想預設，乃至是文化預設。我們現在理所當然認為絕對客觀的科學，也只是預設了一個非常單一統合的科學文化而已，這是經過長期的形成與轉變，到非常後期才孕育出來的結果。

泰利斯所代表的自然學家雖然對認識自然變化做出了第一步突破，開始系統性地以抽象和簡單的方式來理解複雜且繁多的自然世界，整個自然知識的發展看起來也十分樂觀，但這類的自然研究不僅沒有發展成古希臘時期的顯學、從而創造自然科學，反而在蘇格拉底身上遭遇到第一次打擊。下一章我們就要來介紹蘇格拉底的人文轉向，討論為什麼對於蘇格拉底來說，自然世界的變換不值得我們花時間研究。

3分鐘思辨時間

一、泰利斯宣稱「水是萬物的本源」，這句話可說是人類科學探究的開端，也顯示出古希臘人與現代人對於「自然」產生的疑問有哪些不同？原因為何？

二、從本章內容來看，「水是萬物的本源」這句話真正的意思是什麼？

三、從本書中提到泰利斯哲學對當代科學知識的重要性來看，自然知識起源的關鍵為何？

第二章

自然無常，如何建立科學？——蘇格拉底

- 蘇格拉底的人文轉向
- 什麼才是永恆不變的真理？
- 知識應該往內檢查

哲學家小傳

蘇格拉底

我們只能透過留世作品拼湊出蘇格拉底（Socrates）的樣子，從這些敘述當中，蘇格拉底對我們來說是個謎樣的人物。根據柏拉圖，我們推知蘇格拉底的生卒年大約是在西元前四七〇年至三九九年之間，從他的服役經歷與事蹟所提供的線索，他的家境與家世應不算太差。我們也知道他體格強健、耐力超群，曾參與過幾次戰爭且表現英勇。他曾追隨他之前的許多自然哲學家學習哲學，卻對那些讓人無所適從的眾多理論感到失望，因而開始進行自己的哲學探問。蘇格拉底關心常存不改的信念，相對於他同時代那些不認為有恆常不變之信念的辯士，他堅定地尋求事物的普遍定義。蘇格拉底遺留下來的思想不單單影響了之後的哲學發展，他提出的「助產士比喻」也對哲學教育帶來深遠的影響。

在泰利斯之後，出現了不少自然學家各自提出與泰利斯不太一樣的自然解釋，比如說阿那克西美尼（Anaximenes）主張萬物是由氣組成、赫拉克利特斯（Herakleitos）認為是火、恩培多克勒（Empedoklēs）則提出水火土氣四大元素。這些自然哲學家雖然按照各自提出的自然元素，能夠在某些自然觀察上提出更細致的解釋，然而不難察覺自然相關知識的架構並沒有轉變：自然哲學家以元素所代表的抽象特性作為解釋自然運動的原則。之後出現了一些自然哲學家提出不再直接與自然元素連結的抽象存在，以此解釋自然運動，比如說阿那克西曼德（Anaxímandros）認為萬物是由「無限」所組成的、畢達哥拉斯（Pythagoras）認為數字才是萬物的基礎構成物。這些自然哲學家所提出的學說，在今日的視角下也許顯得十分荒謬，他們卻以不同的方式在執行一件一直到今日自然研究者都在進行的工作：在繁雜各異的現象當中尋找得以解釋所有個案的共同點。畢達哥拉斯注意到所有自然物都有數量，而且每個自然物生成的時候都有著特定的比例，就像貓和狗的身體比例不一樣，所以我們可以輕易區分這兩種動物。讀到這裡不難發現，直到目前為止，所有自然哲學家解釋自然運動的方式，都在於提出「萬物是由什麼構成」這個問題的答案，因為萬物由同樣的元素構成，所以在運動上跟隨基礎元素的性質，這個概念跟今日的化學元素所提供的解釋仍然有些許相似之處。這個模式的自然研究一直發展到蘇格拉底的出現才發生重大轉變。

蘇格拉底的人文轉向

西元前四世紀左右，雅典城邦出現了一位熱愛到市場上跟人討論問題的哲學家，這個人就是蘇格拉底。蘇格拉底是一位很特殊的哲學家，因為他雖然有眾多學徒，卻未曾留下任何書寫的哲學作品，所以我們今天所認識到的蘇格拉底，都是出自於與他同時代人筆下的記述。現在討論蘇格拉底哲學的時候，多半參考柏拉圖（Plato）《對話錄》前期的討論，雖然柏拉圖的對話錄不像《論語》，不是弟子記錄老師言行的作品，但我們仍然能夠從當中推敲出某些屬於蘇格拉底的立場，其中非常重要的一個，就是蘇格拉底對自然研究的態度。

蘇格拉底對自然研究的態度在多數哲學史裡通常會以一個詞來總結：人文轉向。簡單來說，蘇格拉底認為不應該花所有心力去研究變動不居的自然，而應該思考人的生命、正義、德行這類的問題。這是對所謂人文轉向一個非常簡略的說明。然而，正因為多數介紹都只停留在這樣的說明上，反而誤導很多人，以為蘇格拉底認為討論人類的文化比自然重要。在今天的思考框架裡面，自然與文化（或人文）被視為能夠涵蓋所有分類的一組詞彙，換句話說，我們傾向認為一個東西如果不是自然就是人文，不是人文就是自然。正如同我們在本書第一章說明過的，自然對於古希臘人來說指的是自然生成物，因此數字不是自然物，數學也不是自然科學。同樣地，所謂的文化，是人的行為生成出的結果，所以風俗、習慣是文化，會隨著不同族群建構出不同的內容。在這個意義上，蘇格拉底的人文轉向並不是轉而去研究人類文化，而是研究跟自己生命相關，卻不具任何文化差異的普遍事物：正義、善、德行、美等本質，而這些本質對蘇格拉底來說才是恆常不變的真實存在。

習慣自然科學當道的讀者讀到這裡一定覺得非常彆扭，覺得蘇格拉底好像把道德哲學拉到比自然科學還要高的地位上。接下來，讓我們重新回到「科學」的意義，來理解蘇格拉底到底為什麼認為自然不是一個值得花一輩子研究的對象。

我們使用「科學」這個詞彙的時候，這個詞代表的是最高等級的知識，也就是最真且最穩定的知識。就像我們不會將星座預測稱為科學，因為星座預測不總是為真，所提供的知識也並不穩定，有的時候有效，有的時候差之千里。就好像如果今天有人說他知道你是誰，卻沒有能力每一次都準確認出你來，基本上這個「知道」的程度就僅是「偶爾為真」。對於古希臘人來說，真正能稱作科學的知識就要符合最嚴格的真理條件：**絕對**、**永遠**、**無例外為真**。大家不難發現今天的科學定義已經跟古希臘人所定義的科學不太一樣了，雖然我們仍然認為自然科學是最精確的知識。我們現在覺得自然科學精確，因為自然科學數學化，不管研究物理現象還是化學現象，最終都是以數學公式來總結，讓我們時常忘了就算在這麼精密的計算下，仍然只能夠給出有一定誤差可能的結果，換句話說，離開了數學的自然，仍然充滿無常和不可預期。蘇格拉底人文轉向的關鍵就在這裡：自然是無窮變動的物，從存在上就不可能提供穩定的知識，與其花大半輩子追求這麼飄渺、規律非常有限的認知對象，人應該回頭探討在這麼多自以為知道的內容當中，到底什麼才是穩定、普遍為真的？用一種更強烈的方式來說，因為自然一直變動而真理則恆常不變，如果花再久時間研究自然運動都不會讓我們碰觸到真理，那自然知識到底跟我們有什麼關係？

什麼才是永恆不變的真理？

這樣的說法擺到現代大家可能很難接受，但不要忘了，大家很難接受的原因是當代社會的自然科學非常好用，而且以好用、有用為主打；我們的生活所需、科技、產品製造都跟自然科學緊緊相連。而當時所有生活所需的技能，都是以經驗歸納出來的技藝和工藝為主，跟當時認為的自然知識沒有任何關係。也就是說，知道萬物是水構成的，也不會因此種出比較好的作物來。大家可能會認為，那是因為那個時代的自然科學太落後，才會覺得自然研究知識不穩固，認識的對象也隨時在變化。某個方面來說是這樣沒錯，然而，今天自然科學的穩固，是機率上的穩固，也就是知識內容並未達到百分之百的正確和無失誤，更不要忽略了實驗科學之所以可以拿來證明某個定律的正確與否，也是在各種實驗條件設定、在嚴格控制的理想條件下才可能出現的。

在這些前提下，面對一個既會常常出錯，又沒什麼用處的知識，大家真的會對古希臘哲學家認為應該要研究點別的主題感到驚訝嗎？在這個意義下，蘇格拉底覺得與其每天在那邊研究樹木生長、水的流動這些有規律但充滿隨機因素的自然領域，應該回到認知者，也就是人，作為出發點來探問我們怎麼去界定和認識事物的本質。

說到這裡大家可能會覺得有點疑惑，認識這個世界不就是認識自然嗎？為什麼還可以撇開自然，然後認識事物的本質？

正如我們前面提到的，研究自然對於古希臘人來說，指的是研究自然生成與生成物，既然是生成的產物，那就代表背後尚有孕育出自然物的起源，既然萬物源源不絕地誕生，代表背後這個源頭才是真正不生不滅的真實的實在，自然物都只是暫時存在而已，而且還一直在變動中，不斷成為不同樣貌的物，就像我變成長髮、變成年長的人、變成好人或壞人等等。所以與其研究一直變動的現象世界，我們應該要研究的是如何認識現象背後，恆定不變的實在。這就是為什麼蘇格拉底開始探問何謂某事物的本質的問題，也就是歷史上著名的蘇格拉底式發問：某某是什麼？比如說「三角形是什麼」、「正義是什麼」、「生命是什麼」等問題，而不再去討論被創造出來、存在充滿變動與偶然的自然物。

知識應該往內檢查

如此說來，蘇格拉底擱置對自然的認識，是出自於對更恆定真理的追求，而不是因為人的問題比較重要，在這個意義上，蘇格拉底從任何角度來說都不認為道德比自然研究重要。蘇格拉底對真理的探問回到了人的生命上，這點沒有錯，因為他認為所有對知識與真理的追尋應該從檢視自己日常對世界的認知開始，如果我們認知的方式有所偏頗，那不管做什麼研究或單純生命的抉擇都會背離現實。換句話說，對蘇格拉底而言，真正的知識必須要往內檢查，檢查我們所有的認知是否存在內在矛盾且形成錯誤判斷原則，由此來糾正自己對現實的掌握，進而從認識自己如何認知世界，來檢驗自己的生命和行動是否符合真實。

儘管在蘇格拉底之前的自然哲學家並未使用「科學」一詞來命名他們的研究，不過到了蘇格拉底，他十分明確地表示自然不可能成為科學知識的對象，因為自然的本性就是永遠都在湧動和創造新的律動，而科學應該要恆定地提供有效為真的知識，一個本無常，一個永不變，在這個前提下不可能出現自然科學。蘇格拉底對自然知識的態度表面上看起來與現在差很多，但其實並非與我們對自然科學的構想截然不同、毫無關係。蘇格拉底的態度其實反而讓自然科學出現的條件凸顯出來：要建立以自然為對象的科學，就要為自然運動找到恆定的基礎。這個條件從自然知識以科學的身分誕生至今未曾改變，只是這個恆定基礎在每個時代有所不同，我們在接下來要介紹的思想家身上，就會慢慢看到每個人是如何重新檢視這個動與靜、無常與恆定的辯證。

3分鐘思辨時間

一、蘇格拉底對自然知識的態度是什麼？

二、讀完本章後，請用自己的話試著說明：什麼是「蘇格拉底人文轉向」？

三、蘇格拉底為什麼認為我們不該花心思去研究自然知識？

第三章

自然神話與或真解釋——柏拉圖

- 自然知識是神話？
- 不必然為真，但「有機會為真」
- 與現代物理學非常不同的思考框架
- 數學、幾何與自然知識

哲學家小傳

柏拉圖

柏拉圖（Plato）無疑是哲學史上最具影響力的重要哲學家之一，他約生於西元前四二八年，出身於當時雅典的貴族世家，受過良好的教育。原本他想成為政治家，卻因他的老師蘇格拉底之死等因素而放棄從政。蘇格拉底死後，他遊歷四方，中間還曾遭販賣為奴，回到雅典之後一手創設了「學院」（Academy），這是一個類似現代大學的教育組織，教授與研究各種不同種類的知識，鼓勵從事純粹而不計利益的科學研究。因此之故，柏拉圖當時以傑出的教育家及政壇顧問而聞名。柏拉圖遺留下來的所有著作都是對話錄文體，而他於學院中教授的那些內容或上課筆記並未流傳下來。柏拉圖一直從事教育活動事業直至辭世，約逝世於西元前三四八年。

自然變幻莫測，就算在自然科學與科技高度發展的今日，人類仍然無法掌握到百分之百不出錯、絕對且必然的真理，在這一點上也許蘇格拉底並沒有完全落伍：如果我們將科學定義為必然為真且普世皆準的知識，那麼自然似乎真的無法提供科學知識。蘇格拉底的學生，柏拉圖，在這個意義上跟隨老師的腳步，同樣認為自然的存在狀態無法作為科學研究的對象，因為變動的自然總是有隨機與偶然性介入，而被稱為「科學」的知識應該要絕對且必然為真，沒有任何偶然或出差錯的可能。不過，不認為自然知識能夠達到科學的定義，並不意味著自然知識的探索就此停擺，只代表以自然生成物為研究對象的知識，不符合當時世人對科學的定義與期待。如果在蘇格拉底身上只能模糊地感受到「認識自然」這個活動就是永無止境地與無常打交道，每一次的預測都可能失誤，到了柏拉圖的思想體系當中，就為自然知識的地位做了更進一步的界定與論證。若要以一個概念來定義柏拉圖對自然研究所提供的知識類型，那麼絕對是**或真解釋**。

自然知識是神話？

柏拉圖是西元前五世紀的希臘哲學家，為蘇格拉底的學生，其所撰寫的《對話錄》為後人提供認識蘇格拉底的重要管道：在《對話錄》中，蘇格拉底是柏拉圖筆下的一個角色。柏拉圖的《對話錄》正如其名，完全以人物對話的方式書寫而成，整部著作就像一本本的劇本一般，有鋪陳、有角色塑造、有對話，因此讓人難以直接斷定柏拉圖自己的主張為何。討論自然研究的〈蒂邁歐篇〉（*Timaeus*），神話色彩很濃厚，裡面對整個宇宙的生成與運轉，大到星球運轉、小到血液流動，皆由主要對話角色蒂邁歐提出說明。為什麼說這一篇研究自然運轉的對話錄充滿神話色彩呢？撇開文內打造世界的完美工匠不說，蒂邁歐在發表言論之前宣稱，他接下來所說的是一則對自然整體存在提供「或真解釋」的神話。也許讀到此處，讀者已不耐煩地認為這就是一篇跟自然科學毫無關係的神祕學著述，實在不值一顧，但柏拉圖的這一步，奠定了自然知識要成為自然科學的條件。在人類的文明創造史中，許多創造與發明都不是由一個人一蹴而就，而是在灰色地帶不斷推進的條件下最終迸發出新的理論模型，也正是因此，哲學史的探討能帶給我們的不只是歷史意義，而是哲學意義。

相對蘇格拉底可能只表達了自然知識的不穩定性，以及研究自然科學既耗費大量時間，又僅能換取準確性很低的知識，柏拉圖給了承載自然知識的言論很明確的地位：神話。「神話」（muthos）兩字在今天看來意味著各種荒誕不羈的想像內容，但muthos這個字原始的意義沒有這麼強烈背離現實，而是指虛構的言論。虛構的言論儘管嚴格來說仍然是不真實的言論，但不代表與現實無關或純粹屬於想像空間，更不代表神話不具備任何承載知識的能力。在古希臘和幾乎所有古文明中，說故事是知識、歷史得以傳遞且保存的主要方式，到了柏拉圖的時代，哲學家開始致力於將闡明某些真實知識的故事與有堅固真理基礎的論辯區分開來，因此才出現muthos（神話）和logos（解釋、論述）的對立。有趣的是，在此區分中，自然研究的地位介於兩者之間：柏拉圖不但說自然研究所提供的言論是**或真神話**，更是**或真解釋**。

不必然為真，但「有機會為真」

那麼，「或真神話」和「或真解釋」到底是什麼？為什麼自然研究最多只能提供或真解釋？「或真」這個概念指的是「與真實相似」、「有機會為真」，在這個意義下，或真神話和或真解釋指的就是這一套言論本身，雖然無法確定其絕對為真（因為該言論無法被嚴謹的論證證明為真），但提供了一套近似於真、且可能為真的說明。這樣的描述就算擺到現代，也並非完全沒有意義。

今天的自然科學理論，在數學的加持下看起來十分精確嚴謹，誤差率和或然率本身也都成為可控制範圍，但未曾達到百分之百無誤差的程度。舉例來說，高中物理課也許曾做過鐵球從木頭軌道滑下的實驗，計算速度、距離、時間，以此嘗試推算出牛頓第二運動定理。但真正在實驗過程中，由於木頭的摩擦力各有不同，加上鐵球、溼度……各種因素，使得在實驗次數相對少的狀況下，誤差大得連第二運動定理的影子都摸不到。如此一來，對於實際上每一次都不重複的自然事件，這套理論所提供的知識並非絕對為真且普世皆準，因為如果自然科學提供的是絕對為真、普世皆準的知識，那麼代表我們能夠毫無誤差地預測自然事件。然而，就算現在的自然科學所提供的不是無誤差的知識，卻也在誤差範圍內提供非常貼近自然事件的說明與預測，這樣說起來，自然知識似乎正如柏拉圖所言，是一套或真解釋。

當然，柏拉圖時代與他對自然知識的認知和現代自然科學相差甚遠，在為柏拉圖辯護的時候還是必須回到其歷史脈絡，以便更仔細地討論為什麼柏拉圖在〈蒂邁歐篇〉中說自然知識的言論最多只能是或真解釋。在這篇對話錄當中，蒂邁歐表示他對自然起源與運轉的說明最多只是個「或真神話」（在此或真解釋與或真神話兩者沒有區分），因為：一、宇宙起源與創造太複雜，超過人類理解；二、自然生成物無時無刻都處於將變不變的狀態，因此這些永遠正在「變成」另一種狀態的對象不可能提供普遍且穩定的知識，所以我們最多掌握到一些規律，但這些規律沒辦法百分之百適用於每一個獨特的自然生成物。

這兩個原因對日後的自然知識被亞里斯多德建立為自然科學，有著十分重要的階段性貢獻：關於自然生成物作為對象所提供的認知內容，不是所有面向都能夠建立穩定、普遍的規律。這一點也是亞里斯多德得以確立自然科學的關鍵，這部分留到下一章再談。

以此看來，哲學家再怎麼對變動世界的無常與隨機性感到恐慌，卻也肯定自然世界的生滅有著某些恆定且普遍的規律，使得春夏秋冬輪轉、物種生滅繁衍，整個宇宙都處於有秩序的和諧狀態。英文中的「宇宙」（cosmos）這個字，在古希臘文中就具備有秩序、良好組織之美的意義。也正是因為整個宇宙似乎有著特定秩序，界定了萬物的生成與消滅，讓古代甚至到文藝復興時期的人，都認為宇宙必然是由某個有智慧（intelligence）的存在創造的。在柏拉圖的這篇對話錄當中，這個打造宇宙的存在被形容為神聖的工匠，祂並非無中生有的上帝，只是一個這樣的角色：智能上完美、不犯錯、組織出宇宙的秩序，並將秩序植入所有物質當中，使得星球按照一定軌跡、方向、速度運轉，以及讓物質排列組合，構成各種物體和身體構造。

與現代物理學非常不同的思考框架

讀者也許會疑惑，為什麼古希臘人的自然知識都一次要提出整個宇宙生成的理論，而不是像現代的自然科學一樣，可以只處理某一個現象、某一種物種、某一個機制？例如有人可以專門為流動現象研究流體力學。接觸古代自然思想的第一個印象，就是思想家都從宇宙起源開始探討，不管是創造上的起源還是物質上的起源（比如說第一章講到泰利斯的水），好像一定要提出一個宏大、囊括整體自然現象的存在理論。若仔細想想，今天的流體物理、地質學、氣象學、天文學等學門之所以可以個別進行專業研究，是因為現象在一個特定概念框架下已經取得明確的界定，一個問題和另一個問題之間，可以明確按照提問的類型不同而分別建立研究領域。但兩千多年前，面對自然，人類就像好奇的孩子一般，一個問題總是連帶著另一個問題，看到太陽升落的現象，就會認為想要回答「太陽為什麼會升落」之前，應該要先回答「太陽從哪裡來」，而要回答「太陽從哪裡來」又必須先追問「太陽是什麼」、「太陽為什麼發熱」等等問題，導致所有嘗試對自然（而不只是某些自然物）的探索，順理成章就在一個問題接著另一個問題之下，回到了起源的問題，好像只有解決起源問題，才能提供一個穩固的知識基礎給其他知識。

也正是這個原因，呼應柏拉圖認為自然知識的複雜程度超越人類能力範圍——每一個自然事件都牽扯著密密麻麻、不可分割的因果鏈，導致柏拉圖認為我們所有提出的觀點都只能是近似實際情況的說明。除此之外，從古希臘一直到中世紀，自然研究的研究對象都是明確的自然生成物，也就是說所有自然知識都是附屬於某物的知識，比如天文學研究的就是附屬於特定星體的現象、對太陽這個自然物的認識等等，故不存在現代物理學中研究「物體運動」的概念，因為對於古希臘人來說，我們研究的永遠是特定事物的運動。從特定事物到廣泛而言的物體，是自然知識在歷史上非常重要的哲學轉折，一直要到笛卡兒才真正完成，本書第六章還會針對這一點多做討論。既然研究的對象是特定事物，例如：水、人類、太陽等等，那麼就很容易混淆這項事物必然擁有的性質與隨時可能變化的偶然性質。比如說，我想研究人類作為自然生成物，就必須研究一個個人類，但如此一來，人類普遍的性質在每一個人類身上，就會和一些完全偶然的性質混在一起，像是人會說話、（有些）人的頭髮很長。在這種條件下，建立自然知識是一件極其繁瑣且複雜的工作，因為不僅可能淪於只研究一個物而忽略自然整體，更需要花非常大量的時間去判定到底哪一些性質屬於普遍性質、哪一些是偶然性質。這是下一章，亞里斯多德的自然科學主要面對的問題。

數學、幾何與自然知識

細心的讀者也許會注意到，談了這麼久的自然知識都不曾提到數學與幾何學。數學在今天的自然科學，甚至社會科學當中扮演非常核心的角色，如今已無法想像任何一個沒有運算的科學領域。然而，數學本身在古希臘時代並不是自然科學，因為數學在古希臘時代雖然享有科學知識的地位，但數學關注的對象並不是自然生成的物。按照前面提過，古希臘人認為最高等級的知識是穩定性高且最普遍的真理，其定義為：絕對為真且普世皆準，按照這個定義，不難想像數學得以享有科學地位。然而，讀者們需要釐清的是「科學」與「自然科學」為兩個獨立概念，儘管今天提到「科學」多半意指自然科學，但事實上，數學雖被認為是科學，卻不是一門自然科學。

在古希臘時代，當時的天文學是運用數學與幾何學知識所建立，但天文學並未因此取得科學地位，只被視為是數學運用下的一種技術。為什麼運用數學的天文學只是一種技術，而稱不上科學呢？這又牽涉到了古代對科學定義中的另一個條件：演繹論證。天文學之所以不是自然科學，而只是運用數學所取得的特定技術，原因在於數學證明出來的不是天體本身，而是幾何關係，因此無法透過論證取得更多關於天文學的知識，而用在天文學中的數學再怎麼論證也只證明數學自己的知識為真。就好像如果我們利用畢達哥拉斯定理（三角形雙邊平方和等於斜邊平方）來算出星體距離，但證明畢達哥拉斯定理為真的數學證明，再怎麼樣都只證明定理為真，而不能證明星體距離的真實性，因此星體距離的知識本身並不是透過演繹推論而來。天文學在當時屬於知識穩定性比較高的學問，因為星體運動所展現出來的恆定狀態比所有地球上的事物高很多，至少在當時的觀察限制內是如此。正因為星體運動非常穩定，只有相對少數案例會出現沒有規律的運動（例如流星），所以對於古希臘人來說，能夠運用數學以取得知識。

至於數學，由於作為一套演繹推論系統，使得每一個數學幾何學知識的真理都有證明保障，更由公理確保，因此在哲學史上非常長的時間中，數學都是科學知識的模型。大家對演繹推論系統也許不陌生，但可能並不確切了解，如果從古希臘人的數學證明這種較為簡單的角度來解釋，數學之所以是可靠的證明，因為證明的開頭是無法否認的基本原理、證明的每一步都有邏輯必然性保障（注）因此推論出來的結果也必然為真。這樣說起來可能有點複雜，拿一個實際古希臘數學證明的例子來闡釋就會簡單一些。以下的例子是最早有文獻的數學證明，出自柏拉圖的〈美諾篇〉（*Meno*），題目為下：若要畫出一個比原正方形大一倍的正方形（面積為原正方形兩倍的正方形），應以原正方形的什麼作為欲得正方形的邊長？

讀者若是看到文字描述的數學題感到頭痛，可以直接看下圖一。古希臘人的數學是以幾何學的方式來證明，因此數學與幾何學焦不離孟，看到圖一也許可以感受到為什麼說他們的數學證明是以幾何學的方式執行。

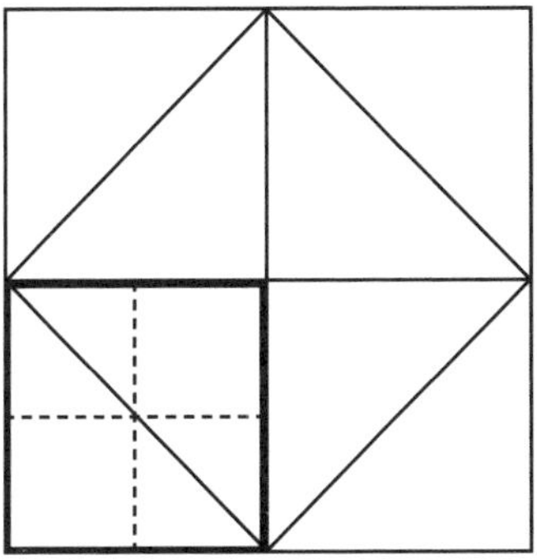

圖一

注：想進一步了解邏輯必然性的讀者，歡迎收聽哲學新媒體2022年推出的第三季〈冰的哲學〉Podcast頻道，本季以「邏輯」為主題來處理邏輯如何在哲學史中誕生、發展、演化。

粗體的正方形是最開始給定的方形，我們會發現，如果我們直接將此正方形的邊長延長一倍，會得到一個比原方形四倍大的正方形，正如我們可見此圖中最大的正方形等於四個粗體正方形。但如果取粗體正方形的對角線為邊長，畫出來的正方形內所含的等腰三角形數量等於粗體正方形的兩倍，因此面積為粗體正方形的兩倍。讀者應該很容易發現，證明過程並不困難，只是移動原正方形以對角線切成的兩個等腰三角形的位置，以及增加數量而已。如果要寫成論證的形式，可寫成如下：

正方形為四邊相等的直角四方形；

由此可知，正方形的對角線將正方形切成兩個面積相等的直角等腰三角形。

若以一給定正方形對角線為邊長畫出一正方形，

此正方形雙對角線所切出的四個直角等腰三角形，與原正方形單一對角線所切出的等腰三角形面積與形狀相等，而數量則為原正方形的兩倍，因此以對角線為邊長畫出來的正方形面積為原方形面積兩倍。

讀者不難發覺，以一正方形對角線為邊長基準畫出第二個正方形，後者面積必然為前者兩倍，此一推論過程持續到證明這句話為真，而且不管在什麼時候、面對多大的正方形都為真，因為在我們給出正方形定義的時候，所有性質就已經蘊含在其中了，這個數學真理好像已經藏在正方形的定義裡面，整個證明過程只不過是把正方形按照定義的性質一層一層展開而已。而每一層展開，比如說：

從「正方形為四邊相等的直角四邊形」到「正方形單一對角線將其切成兩個相等的等腰直角三角形」，兩句話之間只要前者為真，後者必然為真，因為既然正方形是邊長相等的直角四邊形，那麼單一對角線所形成的兩個三角形各自有一個正方形的直角和兩個正方形的邊長，因此必然是兩個完全相等的等腰直角三角形。

這裡涉及的幾何判斷以今日國民教育水準應該十分簡單，但正因為簡單，讓我們更有餘力意識到，從一個判斷到另一個判斷，直到證明以對角線為邊長的正方形為原正方形面積的兩倍——每一個環節在定義正方形的時候就已經緊緊扣在一起，因此最後證明的內容絕對為真（至少在定義不變的前提下永遠為真）且普世皆準。

這樣絕對為真、普世皆準且由演繹推論證明的內容，才是早期古希臘人眼中「科學」一詞應該要達到的知識。在這樣的要求下，自然研究完全不可能在嚴格意義上產出具備這些特質的知識內容，而柏拉圖也繼承了這樣的觀點。儘管如此，柏拉圖最重要的貢獻在於給予自然知識一個明確的定位，為自然規律提供解釋基礎。雖然這個解釋基礎在〈蒂邁歐篇〉中充滿神話的氣息，有一位創造者的角色，但不可否認的是，在這個神話故事當中一再強調，瞬息萬變的物質世界有著非常理性的秩序，宇宙宛如一曲交響樂，每一次演奏都不一樣，但樂譜其實不會變動，所以人只要掌握到樂譜，就能對無常的現象世界給出或真解釋。在這個意義下，自然知識最多只能達到或真的狀態，如同每一次演奏出來的音符相對於絕對穩定的樂譜都有偏差，或如同每隻貓有著不一樣的毛色。自然知識在這一步，從不值得花時間的瑣碎研究，到能夠提出或真解釋，儘管仍然不具有科學地位，卻已經確立了一定的知識理論性基礎，等到柏拉圖的學生亞里斯多德出現，「自然科學」的概念就正式誕生了。

3分鐘思辨時間

一、柏拉圖如何定義「科學」與「自然知識」？他針對後者所提出的「或真解釋」是什麼？

二、古希臘自然研究的特性之一是找到自然物生滅的起源來作為解釋所有現象的原理，這跟現代自然科學的原理有什麼不同？

三、為什麼對古希臘人來說，數學是一個可以獲得穩固知識的方法？

第四章

自然科學的誕生——亞里斯多德

- 亞里斯多德談「普遍事實」
- 亞里斯多德禍害科學？
- 歸納法、分割法、三段論證

哲學家小傳

亞里斯多德

亞里斯多德（Aristotle）生於西元前三八四年的希臘，十七歲開始師從柏拉圖學院門下，直到柏拉圖逝世為止。離開學院後他成為亞歷山大大帝的老師，並創立了自己的學院。和他的老師一樣，亞里斯多德也成了哲學史上的璀璨之星。因一句「吾愛吾師，可吾更愛真理」，不少人誤以為他與柏拉圖之間有嚴重的分歧。事實上，亞里斯多德相當尊崇柏拉圖，但並不盲目跟隨，從而逐漸發展出他自己的哲學。亞里斯多德的作品包羅萬象、數量非常驚人，然而與柏拉圖不同，他遺留下來的著作幾乎都是他在學院中的講課內容與上課筆記。雖然亞里斯多德較熱中於事實與尋找經驗科學上的基礎，但仍可看出他延續柏拉圖哲學的發展痕跡。亞里斯多德在學院教了十二年後退隱，約在西元前三二二年因病去世。

提到柏拉圖與亞里斯多德，也許讀者會立刻想到拉斐爾（Raphael）的《雅典學院》（*Scuola di Atene*）這幅畫，畫中柏拉圖一手指天，而亞里斯多德手掌朝地。這幅圖時常被拿來簡單將柏拉圖與亞里斯多德分為觀念主義與經驗主義，但其實這樣的區分並不正確。按照定義，經驗主義認為知識從經驗來，但亞里斯多德並不認為嚴格意義下的知識奠基在經驗上，反之，必須要經過嚴格的推論證明為真才是真正的知識。儘管如此，亞里斯多德確實將經驗提升到知識生產環節中十分重要的位置，因為亞里斯多德認為經驗能夠幫助我們掌握普遍事實，但是這些掌握到的所謂普遍事實必須經過驗證才可能成為知識。

亞里斯多德談「普遍事實」

在解釋普遍事實之前，必須先釐清一點：亞里斯多德意義下的經驗，不等於感官知覺。在中文語境當中，某些當代的哲學家甚至會將感官與經驗相連，變成同一個概念，但對亞里斯多德來說，感覺不是經驗，唯有能讓理性借助記憶辨識出經驗的內容才能稱為經驗，用簡單的話來說，只有在我們能將感受理解成判斷與描述的時候才算是經驗。正是因為經驗對亞里斯多德來說有了辨識這一層意義，所以經驗才能幫助我們掌握到普遍事實。怎麼說呢？

我們的身體接收到訊息的時候，某些訊息不會得到太多關注，因此我們不會特別意識到這個感受是什麼，但其他時候，借助於記憶和概念之間的連結，當我的視覺受到某種刺激，我能夠辨識：這是紅色、方形、桌子，又或者傷心、損失、心痛。雖然我的感受都屬於個人且每次不完全一樣，但我用來識別這些感受的手段卻都是具有普同性（universality）的性質，可透過語言表達，不管是在思想當中向自己表達，或者運用語言向別人表達。正因為經驗是經過理性判別，以具普同性（或普遍性）的方式所理解產生的內容，經驗因此就能捕捉到具有普同性的事實，而不僅是私密性而無法溝通的主觀感受：太陽上升下落、所有兔子都有長耳朵、人類用雙足行走。換句話說，儘管經驗只能呈現不能證明，但經驗本身作為一個整理組織過的內容，能夠呈現存在物的某些必然結構。

從對經驗的態度來說，亞里斯多德選擇了和柏拉圖相反的路徑。柏拉圖認為，如果感知世界有規律能夠被認識，那是因為所有被感知、認識的存有物都是按照模型形塑出來的，所以知識的對象應該要是模型本身，而不是在眾多雜訊干擾下，模型透過存在物所展現出的一個朦朧影像。亞里斯多德則認為，與其相信完美的模型獨立存在，甚至眼前存在物的特殊性都不屬於知識的範圍，還不如直接從存在物身上找出存有的共同結構。這些術語聽起來很困難，但表達的內容其實很簡單：每個人、每隻貓、每張桌子都有點不一樣，與其認為他們的特殊性只是個錯誤，因此不納入知識研究範圍，還不如把所有特殊性都攤開來檢查是否其實有著更深層的共同結構，而這個共同結構就能夠將原本看起來偶發的性質，重新納入知識的範圍。

正是因此，亞里斯多德放棄了柏拉圖的路線（也就是研究抽象且普遍觀念之間的邏輯關係），反過來觀察所有存在物。我們可以想像，亞里斯多德耗費非常長的時間與心力，把每一個他能觀察的東西都盡可能窮盡所有對它的描述：貓，白色、尖耳朵、四隻腳行動、有毛、會喵喵叫、對人撒嬌，描述不僅針對對象本身，更是所有能夠言說出來的內容都包含在內。在不知道經過多少這樣的觀察操作之後，亞里斯多德終於找到所有存在物展現在語言結構中的共同範疇：實體（貓）、質（顏色、形狀、溫度，等等）、量、關係（對人撒嬌）、場所（出現在哪裡）、時間、有（喵喵叫的能力）……等等總共十個，也就是亞里斯多德著名的「十範疇」。

筆者在這裡刻意不列出所有範疇，以及範疇的內容，因為理解亞里斯多德的自然科學觀不在於背誦十大範疇，而在於理解**為什麼**提出範疇。以上提出範疇的過程，如果沒有以經驗觀察作為基礎，極難找到這個存有物的共同結構，原因很簡單：在單一存有物身上，幾乎所有的範疇在多數時候都只是一個微不足道的偶發性質，有時候甚至不是存有物本身的性質，比如說關係、時間、場所；又比如一隻貓跟人的關係，不僅偶然，還與貓本身沒有必然關係，若是著重於尋找貓的核心定義，自然而然就會排除這些資訊。在這個意義上，亞里斯多德相對於柏拉圖的第一個翻轉，正是在於把研究對象從抽象觀念，轉到了具備讓語言掌握的普遍結構，但保留所有特殊性的經驗。以經驗作為研究的起步，就等於把所有存在物擺到同一個框架裡面進行檢視，分析出來的內容因此也不再一開始就被限制於從某個存有物的觀念出發。這樣的操作，不但一來確立了經驗在知識生產中的角色，二來也擴大知識對象的範圍。在這樣的前提下，亞里斯多德堅信自然知識能夠擁有科學的地位，只是需要建立一套科學方法與科學論證。

亞里斯多德禍害科學？

網路上不難找到批評亞里斯多德自然科學研究充斥錯誤的說法，有時更出現認為亞里斯多德的哲學延遲了自然科學進步的聲音。如果亞里斯多德的自然哲學思想真的包含這麼多錯誤知識，為什麼還要將他介紹為自然科學的始祖呢？

從今天的眼光往回檢視歷史，很容易會認為整個中世紀自然科學發展的遲緩，跟亞里斯多德哲學與基督教系統結合有著強烈的因果關係。如果去閱讀亞里斯多德的生物學、物理學、天文學等著作，更是時常發現一些從現代科學角度來看幾近荒謬的推斷。比如說地球不會轉、女人是沒有發展完整的男人、男人的牙齒比女人多等等現在看來非常荒誕的言論。既然如此荒謬，為什麼還認為亞里斯多德對自然科學的出現很重要呢？

亞里斯多德跟中世紀神學的問題下一章會討論，但亞里斯多德之所以在整個自然科學發展裡非常重要，是因為他建立出第一套嚴謹的科學研究方法，從現象觀察、建立普遍事實、因果歸納，一直到因果關係驗證。以今天的眼光，許多亞里斯多德當時的分析與結論也許都已經過時、被推翻，不再具備知識意義，但方法論本身的建立，則影響了自然科學知識的發展。讀者也許會感到狐疑，男人和女人的牙齒數量、地球會不會轉，甚至地心引力讓不同重量的物體下墜時同時落地，這些不是應該透過經驗觀察就可以得知？如果亞里斯多德會犯這麼基礎的錯誤，那不是代表他的科學方法不值得一提嗎？

高中物理課本裡面說過，由於地心引力，所以不同重量的物下墜時會同時著地。或許讀者也聽過這個科學小故事，說伽利略（Galileo Galilei）在比薩斜塔上往下丟一根羽毛和一顆鐵球，結果兩者同時落地，以此證明地心引力的存在。伽利略的這個故事完全是虛構的，而且就算伽利略真的做了這個實驗，他也只會觀察到「鐵球比羽毛先落地」，而不是「兩者同時著地」。歷史上真正發生的類似實驗，是荷蘭的力學家，西蒙·史蒂文（Simon Stevin），在做這個下墜實驗的時候發現，雖然鐵球還是先著地，但在鐵球比羽毛重十倍的前提下，下墜速度並沒有比羽毛快十倍。原因就像前一章柏拉圖指出的：自然界的現象有著非常複雜的因果網絡，羽毛和鐵球不是只有重量差異，還有形狀差異、空氣阻力等等眾多複雜因素，因此觀察和知識之間完全不可能建立出直接的對應關係。至於牙齒的數量，在健康狀況不如今日的兩千多年前，更不是這麼容易可以靠觀察就確定的事實。除了這些看起來很荒謬的錯誤，亞里斯多德龐大的自然科學知識系統仍然有非常驚人的貢獻，比如說亞里斯多德對於胚胎發育過程的研究著實功不可沒。

如果要用一句話來總結亞里斯多德對自然科學的貢獻，我們可以說亞里斯多德為自然科學確立了第一個研究模型，而且到十六世紀才真正被淘汰，就算在被淘汰之後，當代科學模型仍然承繼了其中一些細部構想。

自然研究在亞里斯多德的哲學當中，不僅取得科學的地位，還得到針對科學性的嚴謹定義，以及建立科學知識的步驟。如果要說科學的定義，亞里斯多德的定義並未和他同時代其他哲學家的定義有很大的差異：演繹推論證明、絕對為真且普世皆準的知識。但到了亞里斯多德，他對演繹證明制定了非常嚴謹的步驟和邏輯系統，也就是今天的三段論證。這裡將亞里斯多德如何建立自然科學，簡單以三點方法來介紹：歸納法（induction）、分割法（division）、三段論證（syllogism）。

歸納法、分割法、三段論證

歸納法顧名思義，是將不同個體身上觀察到的重複順序或同樣秩序出現的事件，歸納成一個普遍原則。比如說，我每次看到下雨之前天色都會變得陰暗，進而歸納出：天陰就會下雨；或者，我每一次觀察不同木柴著火的情況，歸納出乾燥的柴比較容易著火。因此，歸納法的重點就在於從「個別事件的因果」過渡到「普遍因果律的提出」。

讀者不難發現，歸納法並不是一個保障因果律絕對為真的好方法，就像前面舉的第一個例子：天陰就會下雨，很明顯是個歸納法失敗的例子。不僅如此，就算我每一次觀察、做一百次實驗，石頭都往下墜，這一百次的個別案例都沒有辦法絕對保證下一次石頭還是會往下墜。此處涉及了兩個問題：歸納法錯誤歸因的問題、歸納法驗證因果律的問題。

首先，歸納法錯誤歸因，如同上一段提到的「天陰就會下雨」，因為我觀察兩者時常前後出現，便認為兩者有因果關係，天陰就會導致下雨。然而看過太陽雨的你會知道，天陰與下雨雖然常伴隨出現，前者卻不見得是後者發生的原因。就算我們再怎麼小心謹慎，歸納法本身，也就是從重複個案推出普遍規律，都沒辦法避免錯誤歸因，經驗夠多可能就會發現反例。其次，歸納法無法確保知識有效性，因為每一個經驗上的個案之間其實沒有直接關係，因此從多個個案推論出一個普遍原則的過程，沒有辦法必然保障兩個環節其中一個為真、另外一個就一定為真的必然性。如果這一點太過複雜，可以對比前面兩個數學的例子：

一、因為我觀察一百次石頭都會下墜，所以所有石頭都會下墜。

二、因為正方形是四邊等長的直角四邊形，所以對角線會分割出完全相等的直角三角形。

在案例一當中，不管我們做多少次實驗，都不能說涵蓋了「所有」情況，因為永遠都能做更多次實驗，因此前半句跟後半句在邏輯上分屬不同層次，也就是說，前者為真不能拿來證明後者為真（儘管在這個例子中「所有石頭都會下墜」為真）。但在案例二當中，正如之前所說明，正方形的定義之內就已經蘊含對角線切出相等直角三角形，後者就像被包在前者裡面，推論只是把它展開而已，因此講前者的時候，其實已經講了後者。透過這個比較可以發現，歸納法不能作為證明的方法。

讀者對歸納法的批評應該不陌生，也不難理解，亞里斯多德自己也知道歸納法面臨的問題，因此歸納法對他來說不是產生科學知識的方法，而是提供科學研究的準備工作。歸納法幫助我們掌握到某種普遍的因果秩序，有的時候正確、有的時候毫無關係，但不管如何都掌握到了物理現象當中某種普遍、重複的規則，換句話說就是普遍事實與普遍事實之間的關係。因此，歸納法所生產出的認知內容對亞里斯多德來說並非科學知識，但可以幫助我們提出假設，然後對假設進行驗證檢驗，最後透過驗證建立具有科學性的因果關係。

使用歸納法意味著一件事情：知識有不同層次，除了科學知識之外，其他的認知狀態可以作為中繼站，幫助我們建立科學知識。正如前面所說，透過歸納法取得的知識太過模糊且精確度很低，只能作為科學研究的起點，接下來必須引進其他方法來確立自然知識能夠擁有科學性，也就是：經過演繹論證、絕對為真、普世皆準的知識。對亞里斯多德來說，第二個重要的步驟就是透過分割法來找出每一個對象的本質定義。

分割法是古希臘很常使用的辯論方法，傳統上以二分法為主，這個方法到亞里斯多德手上，被建立成第一套提供科學論證正確前提的方法。為什麼這麼說呢？

從前面的範疇建立看來，讀者不難想像在亞里斯多德眼中，存在物的秩序是某種分類樹狀圖，如同今天的生物學分類一般，所有存在物都是界門綱目科屬種分類完後，一個歸於某個種、某個類的東西，而分割法的目的就在於找出這一連串分類。舉例來說，在所有的生物當中，就有動物、植物等大分類，在動物當中又可以區分出用腳行走、用翅膀移動這些小分類；而用腳行走的動物又能分成四隻腳和兩隻腳，如果按照正確的順序區分下去，每一個物都會找到自己所屬的物種，而整套分類方式就好像大圈圈套小圈圈一樣，界定出了每一個種類之間的關係。（見圖二）

對亞里斯多德來說，正確使用分割法，就能夠提出對每一個物的正確定義，並且在正確定義的同時，界定出這個物在存在結構上跟其他物與特性之間的關係。比如說，當我們分割出兩腳移動的動物，會立刻發現只有「人」這種物種符合這個定義，而在提出這個定義的時候，已經確立了「人是用兩隻

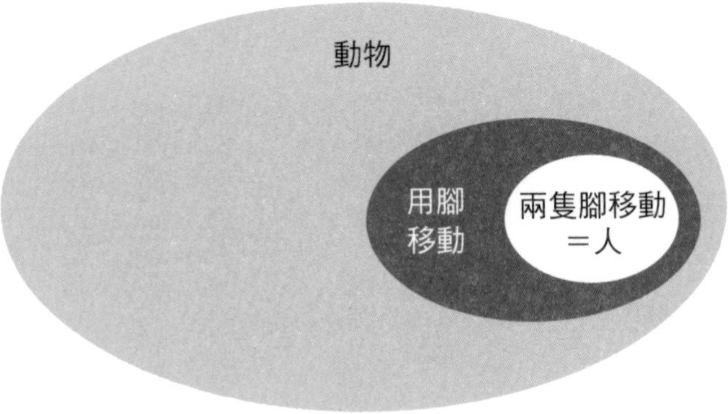

圖二

腳移動的動物」，因此擁有「動物」和「用腳移動」伴隨而來的所有性質，比如說人會跑步。

讀者也許會感到疑惑，「兩足動物」就可以定義人嗎？雞不也是用兩隻腳走路？對於亞里斯多德來說，正確使用分割法，代表著一個生物要先透過移動方式來區分成不同類，因此在移動方式上，雞身為當時還會飛的鳥類，會先被歸類在「以翅膀移動」的類別裡，而不會進入「有足」的範圍之內。這些細節看似瑣碎，其實都是亞里斯多德在嘗試建立一套嚴謹的分類系統，因為只有在所有物種都分類之後，我們才能以推論的方式來論證其具有的性質。

分類完成後，最後一步就是以三段論證來演繹因果關係。整體概念並不難，就是高中數學裡集合論的概念。以上面的例子來說，將人類定義為兩足動物之後，我們就能夠進行推論，比如說最知名的三段論例子：所有人都會死，蘇格拉底是人，因此蘇格拉底會死。例子簡單，我們可以此例研究推論形式：

在圖三中可以輕易看出來，所有動物都歸在「會死生物」的類別當中，所以都具有該類別的所有性質，包括「會死」；在這個意義下，大前提「所有人都會死」為真，如果「蘇格拉底是人」為真，那麼「蘇格拉底會死」必然為真。在這個例子中，「蘇格拉底會死」這句話的真實性就有了演繹證明，且在演繹證明的保障下絕對為真、普世皆準。

讀者也許會認為這個例子不具科學性質，畢竟蘇格拉底會不會死這件事情根本不重要。但這一套推論系統讓亞里斯多德證明了月蝕是月球反射的光線被地球的影子完全遮蓋、月亮明亮面的形狀變化是地球移動的軌跡、地球是球體……等眾多自然知識。而三段論的推論形式也不只上述最簡單的形式——亞里斯多德畢

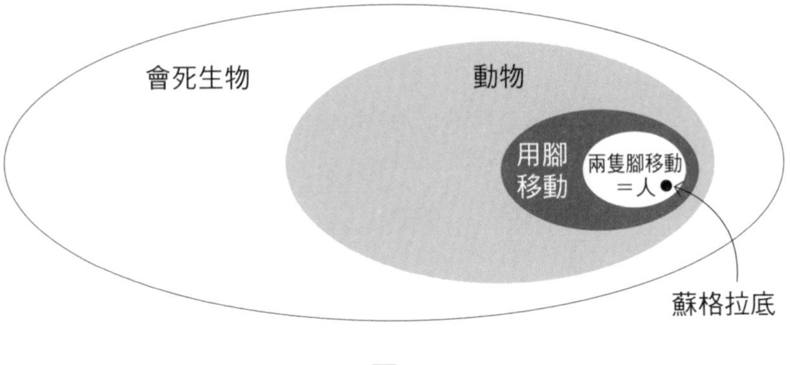

圖三

生總共找出十四個推論形式，就連可能出現的現象，都能夠透過邏輯論證其出現的可能性絕對為真。比如說：有些鳥求偶會跳舞，求偶會跳舞的生物雄性的顏色都比較鮮豔，因此有一些鳥類雄性的顏色比較鮮豔。（見圖四）

儘管在今天看來，這樣的推論看似充滿限制，所能提供的知識也很有限，卻是人類文明史上第一套非常全面的自然科學系統。透過這些方法，亞里斯多德證明了一件事情：就算自然生成物永遠處於變動之中，但其變動的規律可以透過分門別類來掌握，在這套分類系統的幫助下，就能用論證來推理自然物的性質與變動的因果關係，讓自然知識從此具有科學地

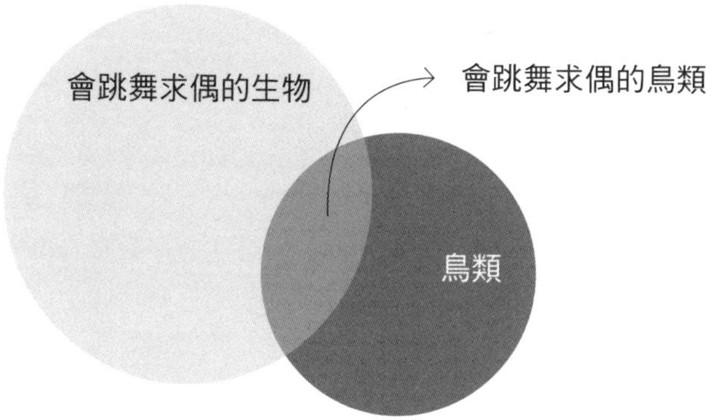

圖四

位。平心而論，兩千多年前能一個人建立起這麼龐大的知識系統，且讓自然科學從此擁有完整的研究方法與知識模型，實屬一件令人驚豔的事情。

下一章將延續亞里斯多德的影響，帶讀者見識亞里斯多德的理論如何一直到西元十六世紀都還持續作為整個自然科學發展的主要模型，同時也讓讀者觀察這樣的自然科學模型有著什麼樣的貢獻與限制。

3分鐘思辨時間

一、亞里斯多德對自然科學的發展有什麼樣的貢獻？

二、亞里斯多德融合「經驗」與「推論」的科學方法具體為何？

三、承上題，為什麼科學知識應該要有論證證明？

第五章

由上帝編碼的世界——中世紀的自然哲學

- 「使得貓之為貓」的關鍵
- 不只是個神學家，阿奎納意外的貢獻
- 亞里斯多德科學觀最後一搏

哲學家小傳

阿奎納

阿奎納（Thomas Aquinas）生於西元一二二四年的一個義大利貴族家庭裡，掛在他名字前面的「聖」這個字，明示了他與基督宗教的密切關聯。他五歲時就被送到修道院，十九歲自願加入道明修會，卻被反對的家人拘禁約一年，在這場考驗他決心和忠貞的事件後，他仍按計畫踏上前往巴黎大學的道路，自此各地遊走，奉獻一生於宗教的哲學研究與教學的工作，直到一二四七年左右，約四十九歲辭世。他是個名符其實的聖徒、教師與神學家，一生靈性充盈，尋求真理。所以，要真正了解聖多瑪斯的哲學，就不能忽略他的信仰面向。終其一生，他都試著要把亞里斯多德的哲學融入他所信仰的基督教神學中，而且是不打折扣、完美且毫無矛盾的、最理想化的融合。一三二三年教宗封阿奎納為聖人（St. Thomas Aquinas），他當之無愧。

自然科學從亞里斯多德開始正式進入哲學史當中，而自然科學也有了「自然哲學」的稱號。儘管科學的定義至此尚未發生轉變，仍然是經演繹推論證明、絕對為真且普世皆準的知識內容，但從亞里斯多德開始，這一套演繹系統正式能夠使用在物理世界，而不再只屬於哲學、數學、幾何學。

本章介紹的內容是中世紀的自然科學發展。一般不管是在哲學史或者科學史當中，中世紀都因為思想被宗教箝制而廣泛缺席，所以許多哲學史和科學史會選擇從古希臘直接跳到十七世紀的笛卡兒介紹。中世紀一般指的是古羅馬帝國消亡（西元四七六年）一直到十五世紀，長達超過一千年的時間。這一千年當中，歐洲的思想與科學並未停止發展，只是基督宗教系統全面影響歐洲知識的生產和教育，所以普遍認為這段期間所產生的知識嚴重受到宗教影響，失去獨立價值。整個中世紀基督教系統的影響當然非常強大，也的確時常發生科學家提出思想與教義相悖，從而遭噤聲或者懲罰，且這種情況並非在十五世紀就中止，一直到文藝復興末的十六、十七世紀，仍然有大量思想家受到教會懲罰，或者作品被查禁等等。在科學史上被教會點名的科學家中，最有名的自然是十六世紀的哥白尼（Nicolaus Copernicus）與伽利略（Galileo Galilei），而一直到十八世紀一般所稱的「啟蒙時代」，都還是時常出現思想家著作遭禁的現象。由此可見，教會的影響力並不是在所謂中世紀一結束就走入歷史。人類歷史並非本來就存在斷代，所謂的斷代史都是後世研究歷史時，按照新現象出現或舊勢力開始消滅作為區分時代的標準，但並不代表過了一個時代之後，前一個時代的所有影響力就瞬間消失了。

漢語世界很難想像在西方歷史當中，教會系統對知識生產的影響到底有多全面與根深蒂固。在一定的程度上，基督教對西方文明的影響，有點像儒家對漢文化的影響，不只是一個有特定崇拜對象的宗教，而成為了一整套機構：上有權威規定什麼樣的言論屬於經典，下有從小到大的教育系統。其實若脫離中世紀給大家的既定印象，從權威機構的角度來思考，我們會發現教會的信仰讓他們成為資源最集中的地方，也最有能力建立教育系統與提供研究機會。在這個意義下，我們今天所認識的大哲學家多出自於這樣的教育系統，他們的思想也很大程度受到基督教哲學的影響，或者直接與當時的基督教哲學對話，因此整個中世紀思想的發展對於理解哲學史（尤其像笛卡兒、康德這些哲學家）有著非常關鍵的重要性。

「使得貓之為貓」的關鍵

回到中世紀的自然科學發展上來談，若說整個中世紀哲學都傳承了亞里斯多德的自然哲學架構有些偏頗，因為亞里斯多德最重要的幾部自然科學著作都在中世紀晚期才進入歐洲基督教知識圈。為什麼呢？最主要的原因是亞里斯多德幾部以今日而言很重要的著作，尤其是《物理學》等作品未能在羅馬帝國世界保存下來，所以進入中世紀之後，修士研讀的書籍當中，並不包括這些著重在自然科學面向的著作，而是以大量翻譯成拉丁文、偏向邏輯領域的作品為主。但那些自然科學面向的著作並沒有真的丟失，而是流傳到阿拉伯世界，被翻譯成阿拉伯文且廣泛由阿拉伯思想家注解和討論。一直到中世紀後期約十一世紀，阿拉伯帝國和拜占庭羅馬帝國相互爭戰、占領原本屬於羅馬帝國的領地，許多阿拉伯文獻才開始進入拉丁文世界。西元十二世紀，拉丁語學者發現阿拉伯文版本的亞里斯多德《物理學》、《形上學》等重要著作，這才讓亞里斯多德的自然哲學體系進入拉丁文世界。所以，亞里斯多德模型的自然科學大約要到十二世紀才開始大規模影響中世紀的自然科學觀。

中世紀晚期的自然科學發展完全是奠基在亞里斯多德理論上的延伸，其中得到最多討論與關注的就是實體（substance）概念。前一章介紹亞里斯多德的時候並沒有特別討論「實體」到底是什麼，因為實體的概念十分複雜，要清晰說明亞里斯多德科學方法已經不太容易了，再分心討論實體可能會模糊焦點。不過實體概念是中世紀晚期在自然科學的問題上發展的重點，箇中原因簡單來說，是因為實體是決定所有必然變動的最終原因，就好像飛機的黑盒子一樣，藏了存有物所有變動的祕密。

實體到底是什麼？為什麼成為中世紀科學研究的主要對象？要回答這個問題，必須先回到亞里斯多德的思想，先說明清楚實體到底是什麼？為什麼要使用實體這個概念？

前一章討論到亞里斯多德的十大範疇時，作為範疇之首的第一範疇就是實體，因為沒有實體就沒有其他任何範疇存在。不管是質、量、行動、關係，任何一個範疇所表現出來的性質都必定是某個東西的性質，比如說一張紅色的桌子、兩隻奔跑的花貓等等，這個作為承載且決定存在物必然屬性與活動的「桌子」、「貓」，就是亞里斯多德所稱的實體。光是這樣也許還是不足以理解實體這個陌生的概念，讓我們換一種方式來解釋。

具體的物體，其身上的性質並不能夠拔除掉，除非物體產生了變化，那麼原本的性質會被另一個性質取代，就像晒黑的時候皮膚顏色變深，較深的顏色取代了本來較淺的顏色一樣。但借助想像力，我們可以在思考中慢慢將一個物體的性質、活動、所有描述它的述詞分析出來，就好像脫衣服一樣，一件一件將個別的述詞從被描述的對象身上抽離。在這個抽離的過程中，我們理解到，所有可以被描述的對象都首先是一個有著特定本質的東西，因為有這樣的本質，所以能夠具有其他的特徵。就好像一隻會喵喵叫的物體，首先是因為作為一隻貓存在，所以有毛髮、有鬍鬚、會喵喵叫、有四隻腳等等，這些特徵就好像一根根大頭釘，必須要插在一個基礎上面才能夠顯現出來，而且只有在貼上特定的標籤後，每一個物體才會有自己的本性。在此決定這個特徵的基礎就是實體（substance），拉丁文字面上的意思是「躺在下方的東西」。

為什麼要引進實體的概念呢？難道不能說一個存在物就是有這些特性，就是所有對其描述的總和就好？大家不難注意到，我們會將一隻喵喵叫的生物理解為一隻貓，是因為貓都有著某種共同的本質，這種本質讓所有貓之所以是一隻貓，而不是一堆零散特徵隨意堆積在一起，並且讓一隻貓在整個出生和成長的過程中會按照一定的軌跡變化，不會突然變成狗開始汪汪叫，也不會突然取得飛行能力。每一個自然存在物都好像有自己的目的，在整個變化的過程中慢慢實現這個存在物最完滿的狀態，然後隨著物質凋零慢慢消亡。換句話說，這個統整所有性質的實體，並不在於添加什麼性質，而是將物質組織、形塑成特定的模樣，讓某些有機物排列組成血管、骨頭、毛髮等等，也因為這個實體不斷將物質形塑成這個樣子，我們才不會走路走一走突然化為一灘水，或瞬間分解。在這個意義上，亞里斯多德認為每一個存在物並不是一個形式加上一個內容的組合，而是讓物質有著某種特定秩序的一個實體。

讀到這裡也許讀者會覺得，這個思考方式有一點像今天基因的概念，每個生物都有自己的基因，但同物種的生物會共同享用特定的基因作為基礎，然後又有各自的差異，讓每個人都長得不同。這裡的實體概念也跟基因一樣，事物誕生的時候並不會立刻擁有它往後會擁有的所有特質，就像嬰兒不會剛出生就具備成人的軀體一樣，基因也是在生長的過程中發揮影響力，慢慢讓該生物顯現某些特徵。這個過程從基因的角度來看也許沒有一個最終的目的，卻決定了某個個體整個生長過程的變化階段。亞里斯多德的實體概念和現代基因理論最大的差異就是，對亞里斯多德來說，所有存在物都有實體，就算是無生物或人造物也是，因為無生物也有各自的本質、特定的屬性、特定的運動方式，並朝向某個最終狀態變動著，所以實體不只藏著所有生物的變動祕密，更是所有存有物的祕密。

晚期中世紀的自然科學就以這樣的實體概念作為基礎，進行更進一步的理論建構，且在亞里斯多德實體概念的基礎上，另外發展出實體性形式（substantial form）的概念。這個概念一直到笛卡兒的時代才正式被推翻，而笛卡兒的整個哲學理論，也都在嘗試替換掉這一套以實體性形式為主軸的自然科學觀。在此簡單將整個中世紀晚期，亞里斯多德學派的自然科學發展以兩個階段來介紹：阿奎納與士林學派。

不只是個神學家，阿奎納意外的貢獻

從第一章起，我們多次強調自然知識要建立成科學的難題在於自然生成物的隨機性。也就是說，每隻貓雖然都是貓，也都有著共同的本質，讓我們可以將每隻貓都定義且識別為貓，但每隻貓就是不一樣。所有自然物皆如此，這也導致自然科學理論沒辦法做到百分之百準確。因此，從自然知識變成科學之後，如何解釋和限制自然物的隨機性就變成每一個時代的課題，比如說今天的誤差率、機率等概念，就是為了解釋和框限這種偶然性。

在亞里斯多德的哲學體系中，必然性（小貓必然長大成大貓）和偶然性（貓咪長大變胖或變瘦）是透過實體內涵的形式和作為內容的物質來解釋。比如說，要蓋房子的時候，先畫出藍圖讓我們知道之後的內容要用什麼方式排列、組織，接著使用建材按照藍圖上面顯示的秩序蓋出具體的房子。建材是內容，藍圖展現出來的就是形式，可以簡單理解成決定內容秩序的東西，在這個意義下，藍圖一旦畫出來，就必然決定了要先有基礎才能有牆壁、要先蓋一樓才能蓋二樓，諸如此類，但建材有一定的偶然性：選擇花崗岩還是磁磚、水泥還是木頭。除此之外，藍圖作為形式永遠都不會崩塌，實際蓋出來的房子卻會因為物質老化而出現損壞。對亞里斯多德來說，所有存在物都是在這兩個力量中成形和變動：形式決定了物質如何排列，構成身體、運動、官能，但物質的本性就是不會完全受控制，會時不時擺脫形式，所以才讓每一個個體都長得有些不一樣，而且當形式開始無法束縛物質，物質就會開始分解，造成存在物崩壞。整體來說，在亞里斯多德的系統裡只有必然形式與不受控物質，因為所有偶然性都來自物質，但到了中世紀晚期，當亞里斯多德的思想透過阿拉伯翻譯與注解重新回到歐洲，就開始出現不太一樣的發展。

湯瑪斯·阿奎納（Thomas Aquinas）是十三世紀非常重要的神學家，這裡只專注介紹阿奎納針對亞里斯多德學派自然科學的發展，不會觸及其神學思想和最有名的上帝存在論證。

在基督宗教思想的渲染下，原本亞里斯多德思想當中形式與物質的對立變成靈魂與身體的對張關係。對於阿奎納來說，身體展現出來的所有特徵都有其形式，所以身體變化所展現出必然的部分，就對應到實體性形式的作用；而身體上偶然的性質，就是偶然性形式作用的結果。在這樣的理解下，阿奎納認為實體性形式，那個決定物體生長變化的東西，就是靈魂。簡單來說，在阿奎納的系統裡面，因為變動有必然和偶然之別，所以要區分出必然的實體性形式和偶然性形式，如此就能夠將所有物理變動區分成兩個不同研究對象：生長性變動（小樹長大、貓生小貓長成貓等）和物理變動（皮膚變黑、物體位移等）。

這樣的區分其實有一個重要的貢獻。如果說亞里斯多德的實體概念近似基因，這個基因理論不僅用在生物身上，更用在所有存在物身上，好像所有的運動、變動、生成、消滅都被放在同一個框架裡面討論。而阿奎納的區分似乎開始把屬於生物學研究的運動和屬於現代物理學所研究的運動分開，儘管阿奎納本人並沒有這樣的意圖。

亞里斯多德科學觀最後一搏

士林學派（scholastics）在中世紀是影響力非常強大的組織，其遍布歐洲的教育系統，讓士林學派在知識上的發展相對也成為決定中世紀知識發展的主力。十六世紀後半葉，教會儘管仍然具有非常高的知識權威，但也不再像從前如此不可批判，在這一節裡面介紹的是中世紀亞里斯多德科學觀的最後一搏。

蘇瓦瑞茲（Suarez）是十六世紀晚期的神學家，他以阿奎納實體性形式為基礎發展其理論。蘇瓦瑞茲基本上承襲了阿奎納兩種變動（物理運動與生成變動）的區分，但他不再使用實體性形式與偶然性形式這組概念，轉而將兩種變動區分為物理形式與形上學形式的作用成果。換句話說，一個物體展現出來的所有物理運動（貓咪跑、跳、蹦），與一個物體成為其應該成為的本質（小貓長成大貓），是兩個不同的形式、兩個不同的研究對象，而對他來說前者，也就是物理形式，才是實體性形式。

以上這些理論細節其實相對沒有這麼重要，重點在於理解這些中世紀神學家所建構出來的自然科學模型，以及這樣的模型如何限制了哪些內容成為自然科學的一部分。從以上的討論，我們可以注意到，不管是亞里斯多德的實體、阿奎納的實體性形式和偶然性形式，或蘇瓦瑞茲的物理形式和形上學形式，這三個概念都希望回答一個問題：一個物體受到外力變化，卻仍然作為它所是的物體存在。比如說，一個人在陽光下晒黑，但外力的變化不會改變他作為一個人存在。在這個前提下，這一脈理論才必須認為物體有兩個不同的形式，它在其中一個形式裡會產生某些變化，而另一個形式則保障它的本質。

讀者也許會感到莫名其妙，這為什麼會是一個問題呢？當代物理學已經把「物體」變成一個抽象、只剩下一串測量數字，沒有值或本質差別的抽象對象，所以今天算物理學練習題的時候，考題上只有長、寬、高、質量、重量、密度等性質，但不會特別提到這個物體是石頭或是木頭。我們研究的其實是**抽象的對象**，因為具體的物理世界裡面，所有長寬高都是屬於某個有特定本質的物，屬於某個物種。這個抽象的過程並不理所當然，不僅是思想史上的轉折，更也是哲學史上的重要轉折。為什麼這麼說呢？

大家也許會感到疑惑，從亞里斯多德到中世紀，難道這些學者不能要研究運動就專注研究運動，一定要將運動視為某種物種的必然或偶然變動來研究嗎？首先是所有運動、變動、性質，在亞里斯多德學派裡必然是附屬於一個實體的性質，而實體才是顯現出整個物理特徵的因，而那些位移、變形、成長、質變等等都只是必然成果。在這個意義下，既然科學要研究的是必然為真且普世皆準的內容，那麼偶然性變動就不是科學研究的對象。

這句話聽起來很有道理，但一個變動或性質只有在作為某實體的變動或性質時才具偶然性質，換句話說，毛髮長短作為偶然變動，只有當作為具有毛的實體的變動才是偶然變動，不然「毛變長」本身並沒有必然或偶然可言。問題是這樣一來，大小、顏色、溫度、位移等全都因為對於實體來說是偶然性質，因此被排除在科學研究之外。大家可以試想一個不研究長寬高、顏色、溫度、移動速度的物理學到底還剩下什麼？

本書介紹的中世紀哲學，不是希望讓讀者知道中世紀只發展出這樣的知識理論，相反地，隨著宗教勢力減弱，十四世紀以來就已經有許多學者開始批判亞里斯多德學派的自然科學模型和一些基本架構，且發展機械與動力學的研究，只是這些零星的發展都沒有顛覆以亞里斯多德為主的模型，讓另一個模型取而代之成為主流發展。一直要累積到十七世紀才出現翻轉，開啟新的科學研究模型。

3分鐘思辨時間

一、宗教在中世紀對知識的認定與發展產生了什麼樣的影響呢？

二、從本章節來看，亞里斯多德學派的自然科學模型在中世紀有了什麼進展？

三、你認為對於科學知識的建構，實體是一個不可或缺的概念嗎？

第六章

「我思故我在」與自然科學數學化——笛卡兒

- 笛卡兒與士林學派
- 形上學沉思與我思故我在
- 從「我思故我在」到新科學模型

哲學家小傳

笛卡兒

笛卡兒（René Descartes）生於一五九六年的法國，是議員之子，八歲左右被送到由耶穌會教士執教的學院學習，是個聰慧好學的學子。離開學院後，笛卡兒在遊歷四方、投身軍旅的生活中開展出自己的哲學，他相信自己一生的使命就是要用「理性」追求真理。他使用法文與拉丁文進行寫作，除了哲學、數學和科學等相關作品外，他甚至還寫過跟音樂有關的《音樂概要》。儘管笛卡兒對當時的士林哲學有所不滿，仍自認是虔誠的天主教信徒，但我們無法因此斷定他的哲學受到神學控制，畢竟相信理性之光的他，是個純正的哲學家與數學家，而不是神學家，他只探索那些可由理性解決的問題。他人生的最後一站是應瑞典女王的聘請去北歐教她哲學，一六五〇年，他在那寒冷之地因病逝世。

從古希臘到中世紀，自然科學史到這裡只出現了一個科學模型，但同一個模型在這將近兩千年間，出現內容以及細部分類的變化與發展。上一章討論中世紀科學模型如何延續亞里斯多德的科學模型，讀者不難發現這一整章都未曾具體寫出中世紀發展出什麼樣的科學思想、天文理論，所有介紹都集中在中世紀晚期如何發展實體性形式的概念，以及如何將實體性形式作為科學研究的對象。

作為一本探討自然科學的哲學書，本書的重點不在於向讀者介紹自然科學的思想史，而是希望藉由哲學史上對於自然知識地位、科學的定義、科學的研究對象，和科學方法曾經出現什麼樣的辯論，來了解這些辯論如何影響到自然科學的知識模型，而這樣的知識模型又如何確切影響自然科學思想的具體發展。所謂的自然科學模型，不是指特定的科學理論，而是某一個時代根據當時對自然科學的構想所延伸出來的研究方法、論證標準的一個框架，換句話說，只有符合框架的內容，才可能出現在那個時代作為自然科學知識。比如說，在亞里斯多德的自然科學模型下，要成為科學知識必須具備有效三段論證來證明，同時在這樣的模型中，「實驗室重複製造出某個現象」這個方法不會成為生產科學知識的方法，經由實驗室所取得的知識也就不會成為自然科學知識。按照這個邏輯，大家不難猜測歷史上必然要發生幾次科學模型的翻轉，改變科學的定義、科學方法，以及檢驗標準，才可能走到我們今天的自然科學。

這一章要介紹的是自然科學史上第一個重大翻轉，隨之而來的是古典物理學的誕生，而讓自然科學發生這麼重要翻轉的，卻是一個世代的哲學論戰。這一場哲學論戰以笛卡兒作為集大成者，更作為哲學史上的重要分水嶺，也就是說，儘管並不是笛卡兒以一己之力提出的理論推翻亞里斯多德學派的自然科學模型，但他的貢獻的確能夠為這整個推翻過程做出非常全面的總結，而且為接下來新的自然科學模型提供一套形上學基礎。

笛卡兒與士林學派

前一章介紹到士林學派在中世紀的影響力，笛卡兒這位非常著名的法國哲學家，就是士林學派教育系統所培育出來的思想家。在當時哲學還是所有學問的最高典範，哲學和自然科學（也就是當時的自然哲學）有著密不可分的關係。哲學和自然科學密不可分，不是因為學科尚未分工或者中世紀抑制自然科學發展，而是因為當時尚未能徹底區隔出哲學與科學研究對象的異同，在這個意義上，所有自然科學問題都同時混雜著哲學問題，兩者密不可分，不像到牛頓的時代已經可以大方說出：自然科學只研究現象，不研究現象從何而來，也就是形上學的部分。在這一章當中，我們會介紹到這個現象與形上學的劃分如何在笛卡兒手上開端，笛卡兒又如何與他同時代的士林學派對話。

笛卡兒所處的十七世紀，雖然一般斷代史已經不會歸在中世紀，但正如前一章所介紹，在學校和研究系統皆為教會組織所建立的情況下，思想仍然在與各個神學學派對話的脈絡下發展，笛卡兒也不例外。笛卡兒最醉心的領域其實是物理學，但他認為當時士林學派以實體性形式發展出的整個形上學與科學觀點，讓物理學沒辦法好好發展，更沒辦法賦予當時已經發展蓬勃的機械理論一個科學知識的地位。為什麼笛卡兒認為以實體性形式為基礎的形上學會成為物理學發展的阻礙呢？

讓我們簡短地再檢視一遍蘇瓦瑞茲的實體性形式概念，看看這樣的構想會帶來什麼樣的結果。前面說到，整個亞里斯多德式的科學知識系統很像一套生物學分類系統，每一個存在物（不管是否為生物）按照其存在的狀態與特性都坐落在一個樹狀圖的尾端，而這個樹狀圖本身就成了論證自然現象因果的最根本參照。換句話說，不管是不是研究生物的特性，所有針對自然物的研究，都是以一個存在物定義的分類系統作為參照。這樣的自然科學系統會產生什麼後果？我們在上一章稍微提到，這樣的系統一來讓科學研究的對象永遠是屬於特定物種的物，二來將所有偶然性的性質與變動都排除在自然科學研究範圍之外。

為什麼這兩點會限制了物理學的發展呢？因為按照這個框架，我們每次考慮一個特性，比如說溫度，都要先考慮這是「屬於」哪個物種物體的溫度，在這個意義下，A物種的物體溫度和B物種的物體溫度雖然都具有「溫度」，但因兩者分屬不同物種，有各自的實體和性質，A的溫度只能在A身上討論，B的溫度只能在B身上討論，就變成兩個溫度完全不能擺在同一個基礎上考量。這個問題有點像蘋果和鞋子完全無法直接進行比較，只有在我們能夠抽象出兩者之間一個相同而且可以獨立的面向，比如把「溫度」抽象出來變成獨立的思考對象，兩者才變成可以比較。笛卡兒批評士林哲學最關鍵的一點，就是觀察到什麼特性就直接判定此特性「屬於」此物，只有在附屬於此物的前提下可以檢驗。面對士林哲學家的這種思考方式，笛卡兒甚至在他的《形上學沉思錄》（*Méditations métaphysiques*）導論裡面非常諷刺地批評他們說：感受到火是熱的，就認為熱這個東西屬於火，是還沒有脫離小孩子的認知方式。

對於笛卡兒來說，手摸到火感受到灼熱，因此認為火這個存在就是「灼熱」

這個性質的原因，火這個東西就擁有「灼熱」這種性質，這種因果鏈是動物最基礎保護身體的機制，使得身體自覺避開危險。如果還繼續停留在這樣的思考架構，對笛卡兒來說，就跟停留在孩童的階段沒有長大一樣。但讀者應該會感到疑惑：如果對笛卡兒來說，「手摸到火感到灼熱便認為火本身就具有熱的性質」是小孩子才會做的判斷，難道笛卡兒認為火不是熱的嗎？火是不是熱的到底對自然科學研究有什麼影響？這些問題都跟笛卡兒最知名的「我思故我在」有關。

形上學沉思與我思故我在

「我思故我在」（cogito ego sum）這句話出現在笛卡兒的《方法導論》（*Discours de la méthode*，又譯《談談方法》），而不是《形上學沉思錄》（以下簡稱《沉思錄》），不過《沉思錄》當中對這句話有更為詳細的論證。《沉思錄》一開篇笛卡兒就表示：他意識到我們從小到大接收了非常大量的錯誤判斷，且一直把錯誤視為真理；而建立在沒有穩固基礎原理上的所有判斷，永遠處於可疑、不確定的狀態，所以只有把這些謬誤判斷全都根除，找到一個穩固的知識基礎，才可能建立起穩定、扎實的科學。

從笛卡兒的描述，我們理解到對他來說，士林哲學這種「感受到什麼，就判斷對象的存在本身具有此性質」的判斷方式不只內容上錯誤，而是從判斷產生的根本原理就是錯誤。因此，想要建立真正具備知識確定性的科學，一定要從根本上替換掉這些基礎不堅固的原理。笛卡兒此處所談的「不堅固的原理」，指的就是亞里斯多德以來的科學知識框架：感官觀察到什麼，便直接認為事物存在本身就是如此狀態。

讀者也許感到狐疑，當代科學難道不是感官觀察到什麼，就認為事物是什麼樣的存在嗎？其實舉一個例子，就能輕易察覺到今天科學的判斷基礎已經不是這個模式了，比如說，我們觀察到天空是藍色，如果認為藍色這個性質屬於天空，那就必須解釋天空這個存在實體，在本質上是個什麼樣的東西，因而可以擁有藍色的性質；但當代的科學不會研究天空為什麼**有**藍色，而是天空為什麼**看起來是**藍色，接下來就能從光學的角度（而不是天空這個存在物）來研究為什麼會有「天空呈現藍色」這個現象。簡單來說，今天科學研究的是**現象**，但亞里斯多德的科學模型研究的是**實體**。所謂現象，在亞里斯多德的體系裡，只是實體片面且具偶然性的表象而已。

在《沉思錄》一書六篇沉思當中的〈第一沉思〉裡，笛卡兒表示，科學既然是最高層級的知識，那應該要擁有禁得起任何懷疑都不會出錯的基礎。為了尋找這個基礎，他開始懷疑所有他能想到作為產生知識判斷的管道，第一個就是感官經驗。對於笛卡兒來說，感官經驗因為立即且生動，我們很難不相信，但只要想到在夢中的感官經驗也是如此立即且生動，就可以理解感官經驗十分可疑，我們感受到的對象狀態可能其實並沒有這些性質。換句話說，就算我感受到某物所擁有的性質，其實該性質可能根本就不屬於它，我看到的紅色書本，也許根本沒有特定顏色，只是在特定光線下會以某種方式折射，使其看起來是紅色。

這樣說來，感官知識太容易受到懷疑，不能作為科學知識的生產原理。除此之外，推理所產生的知識對笛卡兒來說也禁不起懷疑，因為我們可以想像整套推論所依據的系統，每一次推論都可能系統性生成錯誤結果，但因為每次都是機械性地推演出同一個結果，我們就以為推論出來的知識為真。照這麼說是不是所有知識都可以懷疑？我們其實什麼都不知道？人類其實沒有能力擁有真正的知識？

在提出這些疑問的同時，笛卡兒意識到，感官經驗所產生的判斷可以懷疑，但「我正在感受這些感官經驗」卻無法懷疑，因為在懷疑的瞬間，也確定了**有個什麼東西在懷疑**，那不容置疑的，不就是那個正在進行精神活動的我嗎？不管我在思考、感受、推理、渴望、想像、熱愛著什麼，那些對象本身是否具有在我的意識中呈現出來的那些特質，我沒辦法知道，但「我正在擁有這樣的意識」則不能受到懷疑。也就是說，我正在想著、感受著、渴望著、想像著什麼，那些精神活動出現的內容，比如說「想著一個人」、「感受著冷風」、「渴望著一碗熱湯」或「想像著一隻獨角獸」，那些人、風、湯、獨角獸是不是以呈現在我意識當中的樣貌存在，我無法確定，但我的確有這些思想內容，而這些內容也彰顯出了製造這些內容的思考主體確實存在。因此，**我思**，故，**我在**。當我進行思考活動，我的思考活動所產生的內容彰顯出「我思」作為主體的存在。

讀者可以注意到，在這裡的「我思」指的並不是狹義的思考、思辨，而是所有精神活動，所以感受、想像、渴望、熱愛、認知、期望這些都只是不同模式的思考，而這裡的「我」指的也不是人，而是思考主體。由此可見，對於笛卡兒來說，「我思」（正在思考的我）因為不可懷疑，所以應該作為知識的其中一個穩定基礎。儘管上帝存在對於笛卡兒來說有著確保知識客觀性的作用，也就是當每個人的意識內攫取到某個觀念，都會是同一個觀念，但為了避免過度複雜、難以消化，《沉思錄》的部分就說明到我思故我在論證，關於上帝的角色不做詳細介紹。這個部分讀者需要理解的重點是，對於笛卡兒來說，思想的各種模式（不管是感官、判斷、推理、還是想像）所呈現出的對象可能都不是外在對象真正的存在樣態，但這些對象以此方式呈現在思想當中，這一點無法受到質疑。同一杯水對一個人來說很熱，對另一個人來說不熱，水本身到底熱或不熱沒有人知道，但無法質疑的是一個人正感覺到水很熱，而另一個人正感覺到水不熱。

從「我思故我在」到新科學模型

為什麼一句「我思故我在」足以顛覆亞里斯多德的科學模型呢？我們前面說到亞里斯多德科學模型的必然後果，是每一個存在以實體作為研究對象，既然研究的根本基礎是實體，那麼不同類的實體之間就沒有「共量性」，也就是無法放在一起考量分析的意思，所以不同類實體之間的重量，比如說貓的重量和桌子的重量，一個屬於動物一個屬於人造物，兩者實體所從屬的最大類之間沒有交集，所以兩者之間的性質也不可共量，更不要說重量對這兩個實體來說都是偶然性質，在亞里斯多德的系統當中難以被認定為知識。醉心機械物理學的笛卡兒在進行物理研究的過程中，多次為重量的地位感到非常困擾，因為當時士林學派的科學模型當中，重量，就如第四章關於亞里斯多德的說明，屬於「量」範疇，而且對物來說都屬於偶然性質，但沒有重量就沒辦法理論化機械物理。

提出「我思故我在」，更精確一點來說，就是所有精神活動所產出的內容都是思想內容（或用今天的話來說，意識內容），讓所有物與所有性質都被擺到同一個框架裡面：不管是物、形狀、質量、重量、長寬高、顏色、溫度等等，全都是意識內容，而不是外在存在物忠實的呈現；換句話說，這個框架坐落在意識當中，為所有能夠呈現在意識內的對象提供了共量性。「意識」和「現象」都不是笛卡兒所使用的詞彙，他本人對這兩個概念的現代意義也十分陌生，但我們已經可以注意到他所說的「呈現所有精神活動的思想」，跟今日的「意識」概念十分接近，而主張呈現在思想當中「物的狀態」與「物」本身分離，也已經預示了「現象」概念的出現，且成為科學研究對象的基礎。此處的共量性也許還太過抽象，讓我們以更加具體的方式來說明，笛卡兒到底認為所有意識內容的共量基礎是什麼。

「共量性」（commensurability）指的是不同對象之間能運用同一個測量標準，使得本來不可比的兩個東西，變成不但可以比較，還可以被同一個標準衡量的基礎。我思（或者意識）如果為所有呈現在我思中的對象提供共同衡量基礎，這便代表所有對象之間的差異都能夠以同一標準來衡量。就好像一個蘋果或是一隻貓，兩者都有重量，作為重量兩者可以共量，不僅如此，兩者也都會移動，而移動的速度與距離也可以透過量化變得可以共量，因此在意識之內，既然蘋果、貓，和其他物體，都只是意識內容，那麼所有這些事物就能抽象成某重量、某移動速度、某長度……具體的物就變成抽象的量，而不同量之間就能夠透過數學找出規律。

自然科學的數學化並非從笛卡兒才開始，但笛卡兒有著非常重要的整合貢獻。大家高中學到的XY軸座標，學名為「笛卡兒座標」，正是笛卡兒整合幾何學和數學，讓形狀能夠以數學（更精確一點來說，用代數）表達，讓物理學終於突破亞里斯多德模型下的科學發展。大家可以想像，坐落在笛卡兒座標上的形狀，就好像坐落在意識內的現象，這個現象經過數學抽象化，讓本來形狀各異的對象，都變成透過代數表示的幾何圖形，而其運動也從感官呈現的追趕跑跳蹦，變成了力的方向、移動方向與速度。從這時開始，亞里斯多德的科學模型正式被顛覆，而科學的定義也進入新的時代。自然科學的研究對象不再是實體，而是可測量的現象，自然科學的證明方式也不再是各種三段邏輯論證，而是數學證明。這個新模型在接下來所有研究者的貢獻之下，由牛頓成為代表這個自然科學新模型的代言人。

3分鐘思辨時間

一、從中世紀到笛卡兒，自然科學模型最關鍵的轉折是什麼？

二、本節所提到的共量性跟測量之間的關係是什麼？

三、如果感官不能傳達世界真實的存在，那麼按照本節所述，我們通過自然科學認識到的是什麼？

第七章

實驗為什麼可以生產知識——霍布斯與波以耳

- 當實驗成為科學方法
- 「真空」存在嗎？
- 實驗為什麼會危及科學知識的定義？
- 自然科學與哲學分道揚鑣的開端

哲學家小傳

霍布斯

霍布斯（Thomas Hobbes）於一五八八年生於英國，父親是牧師。他是畢業於牛津大學的高材生，隨後擔任了卡文笛西（Cavendish）爵士的家庭教師，與此家族結下不解之緣。最初，霍布斯感興趣的研究領域並非哲學，直到他認識到笛卡兒的哲學之後，才轉志於哲學，那時他已步入中年了。在這之前，他對數學、幾何、科學也都有所涉獵，然而他真正關心的其實是社會與政治的問題，隨後他形成了自己的政治哲學體系，寫出他最知名的作品《巨靈論》（或譯《利維坦》）。霍布斯的哲學帶有強烈的實用性目的，展現了「知識就是力量」的觀點。從他與許多人筆戰的史料來看，他應該相當熱中於爭辯。雖然霍布斯涉入政治甚深，但幸運地未被政敵趕盡殺絕，活到一六七九年，享壽九十一歲。

哲學家小傳

波以耳

波以耳（Robert Boyle）於一六二七年出生在愛爾蘭，是伯爵的最小兒子、虔誠的基督教徒。他的信仰帶領他成為神學家、而啟蒙精神則使他成為科學家，他的著作包含了宗教神學與科學研究的成果。基於對世界和上帝的求知渴望，他的科學研究範圍極為廣泛，在力學、醫藥、真空實驗等領域中的成就已眾所皆知。而波以耳對於人類的關心，也讓他致力於具體改變人們的生活，像是改善農耕、醫藥與食物保存的技術等等，這些都奠基在他對科學與實驗的興趣和研究上。波以耳對科學實驗結果優先於抽象理論的形上學觀點之堅持，足以讓他從單純的科學家轉身成為哲學家，其觀點也影響到後來的洛克和牛頓。波以耳雖算不上體弱多病，但健康狀況並不太好，他於一六九一年過世，享壽六十四歲。

以笛卡兒為代表，自然科學至此正式步入現代科學，開始有了現代科學的基礎模型。不過今天大家腦中所想到的自然科學，還有一個到目前為止都沒有討論過的重要特徵，那就是**實驗**。十七世紀在科學史上被稱為「天才的世紀」，出了眾多自然哲學家，不僅對科學知識有非常重大的開創，更形塑出現代科學的模樣，實驗也在這一個世紀當中萌芽、遭受批判，最終正式被認定為可以生產自然科學知識的科學方法。雖然這一步聽起來十分容易——既然「現象」的概念出現了，那以實驗製造現象來驗證某判斷作為科學知識，不是很自然的一件事嗎？

關於實驗到底能不能作為科學方法，主要的爭議集中在三點：一、實驗製造的現象只存在於實驗室，不是自然現象，為什麼能夠為自然科學提供知識？二、實驗本身不涉及因果解釋，透過實驗證明的判斷為什麼能夠提供自然科學知識？三、實驗的驗證能力在於宣稱所有人都能觀察驗證，所以具有客觀性，但這種客觀性真的沒有任何預設嗎？

從現代科學的觀點來看，也許上述問題有些天真幼稚，但這些辯論實際上出現在十七世紀的科學學院當中，質疑實驗方法並沒有足夠穩固的基礎來作為一個科學方法。本章就以實驗方法為主題，介紹實驗在將成為科學方法又未全面被接受的時代，自然哲學家有著什麼樣的辯論，而實驗方法為什麼最終被認可成為科學方法。最具代表性的辯論，就出現在霍布斯（Thomas Hobbes）與波以耳（Robert Boyle）之間，針對空氣幫浦實驗是否能夠證明真空存在的論戰。

當實驗成為科學方法

在這裡討論的實驗，主要指的是以實驗作為方法來製造某現象，以此驗證某事實存在，而不是指以實驗測量數據來建立及驗證物理公式。兩者在提供知識的類型上有所不同。先從大家也許比較熟悉的後者來說，以實驗重複製造一個現象，且試圖在測量的數據當中找到能夠表述此現象的公式，在這一種案例裡面，實驗並沒有直接提供知識，因為真正的知識在最終的公式當中，而公式也在表述現象的同時，為現象提供了說明。以任一高中物理練習作為例子，基本上都不出這個類型的實驗，比如拿簡單的槓桿原理來說：

透過多次變動支點位置的實驗，使得左右力臂長度變化，其中一邊是同樣重量的物體，以此觀察施力的量如何變化能夠維持平衡，最終算出一個公式來表達槓桿原理：動力×動力臂＝阻力×阻力臂。在這個例子中，實驗本身並未用以直接成立任何科學知識，最後推算出來的公式才屬於科學知識。這裡要討論的不是這一種實驗，而是製造現象以確立事實的實驗，比如說用實驗直接證明大氣壓力存在。

讀者比較熟悉的大氣壓力實驗可能是杯中裝滿水，上面蓋上塑膠片，將杯子倒過來之後發現塑膠片

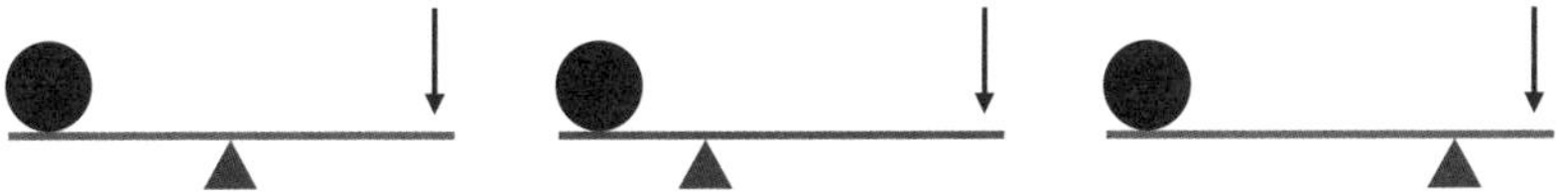

圖五

不會掉下來，而是緊緊地吸在杯子上。

這個實驗在網路上非常容易找到示範，通常也會標明這是一個證明大氣壓力存在的實驗。換句話說，按照實驗步驟，製造出這個塑膠片吸附在杯子上不會掉下來的現象，這個動作本身能夠直接證明「大氣壓力存在」，且將「大氣壓力存在」確立為科學事實，建立科學知識。在這個意義下，這裡的科學知識不是「動力×動力臂＝阻力×阻力臂」，而是「大氣壓力存在」。讀者可以簡單察覺兩者之間的差異：前者提供了一定的因果說明，解釋現象背後的機制，後者的知識則在於確立一個事實，好像現象本身就能夠展現出大氣壓力存在的明確性。

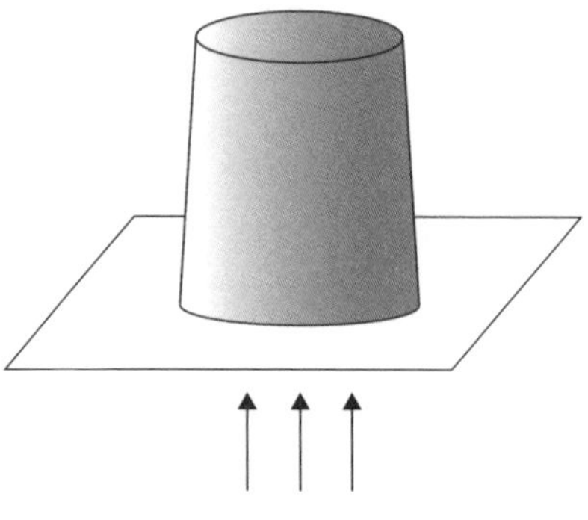

圖六

為什麼單純做出這個實驗、生產出這樣的現象就能產生自然科學知識呢？讀者是否想過，承認這樣的知識意味著什麼？為什麼認可「實驗能夠確立自然事實」會引發爭論呢？以這個大氣壓力的實驗來說，當有人在你眼前做了這個實驗，跟你說：「你看，這就是大氣壓力存在的證明，因為所有人都可以看到同樣的結果、在所有的地方也都會出現相同的結果，所以證明大氣壓力存在。」如果只看這句話，實驗確立的事實好像具備了必然為真、普世皆準，兩個自古以來的科學知識條件，但我們可以進一步反問自己：我們真的都看到同樣的結果嗎？這個同樣的結果是什麼？

很明顯，要作為驗證科學事實的方法，實驗要展現的是「大氣壓力的在場」，但是每一個人看到這個現象的時候，真的都看到「大氣壓力」嗎？讀者也許會想，怎麼會問這麼天真的問題，當然不是看到大氣壓力本人，而是看到大氣壓力造成的結果，而這個結果本身可以證明大氣壓力的存在。那再問自己一次：我們在這個實驗裡到底看到了什麼？在沒有指導如何觀察的前提下，真的每一個人都看到同樣的東西嗎？如果觀察需要指導，那還能說實驗觀察有客觀性嗎？

當我們看到塑膠片吸在杯子上不會掉下來，但是一旦有空氣進入杯子之後，塑膠片立刻就掉了下來，為什麼我不能認為自己看到的是水的吸附力，所以水流動的時候，塑膠片也隨著水流掉了，而應該認為自己看到塑膠片外側有一股力將塑膠片壓在杯口上？

「真空」存在嗎？

這些問題正是十七世紀霍布斯面對波以耳真空實驗所提出的質疑。一六五四年，德國馬德堡（Magdeburger）市長格里克（Otto von Guericke）用自己發明的空氣幫浦，將兩個銅製半球體裡面的氣體抽出，兩邊用馬匹往相反方向拉，發現左右各十五匹馬都無法拉開合在一起的半球體，但打開氣閥讓空氣進入之後，球體很容易就分開了，以此來證明大氣壓力存在。這個空氣幫浦後來被化學家波以耳拿去以同樣的原理製造出另一台儀器，用來證明真空存在。

「抽真空」在我們的時代已經是日常生活中的小常識，不管是收納棉被、烹飪、保存食物，都常常接觸到能夠在一定程度上抽真空的裝置，而「真空」的概念對我們來說，也跟空氣存在一樣理所當然。然而，真空與虛空概念僅一線之隔，一直到十七世紀都還有不少思想家認為真空不可能存在，因為對他們來說，如果真空代表當中沒有任何物體，而沒有物體就沒有空間，那麼沒有空間就沒有存在，所以真空不可能存在。

這在今天科學家眼中也許非常荒謬的推論，卻是亞里斯多德空間定義一直遺留到十七世紀的影響。讀者也許覺得奇怪，前一章已經說笛卡兒是如何反對亞里斯多德科學模型，為什麼到了十七世紀，數千年前之久的亞里斯多德思想仍然影響著科學發展？

歷史上思想的更替，就算是看起來很徹底的顛覆，都沒辦法將過去的痕跡完全抹掉，原因在於每一代人在學習的過程中，不可能一次同時否定所有自己習慣的思考方式，亞里斯多德的空間概念就是一個很好的例子。前一章講到笛卡兒如何反對實體作為科學的研究對象，儘管如此，笛卡兒仍然接受了亞里斯多德的空間定義：空間附屬於物體，正如同前兩章說到的，所有性質都附屬於存在實體。對於亞里斯多德來說，空間是一個物體與外圍物之間的限制，也就是說一個物之所以有它的形狀與位置讓它與其他物分開，是因為存在著空間，將每個物各自限制在特定的位置而不會肆意跟其他物混合在一起。簡單來說，如果每個物之間沒有間隙，無法分離，就沒有空間可言。因此，空間就是那個將物體與物體各自分隔在自己位置上的限制，而物體位置上的改變就構成了空間中的位移。笛卡兒之後的霍布斯也繼承了這樣的空間觀念，認為空間附屬於物質，因此所有有空間的地方都有物質。也就是說，沒有物體就沒有空間，自然是什麼都沒有、一片虛空，也就不會有「真空」坐落在一個空間裡面。

不過，霍布斯與波以耳之間的論戰遠遠不只在「真空」到底存不存在的問題上，這個論戰對自然科學更重要的一點在於「實驗能不能提供有效科學知識」。

根據波以耳一六六〇年的著作《論空氣彈力及其物理效應——力學新實驗》（*New Experiments Physico-Mechanicall, Touching the Spring of the Air, and its Effects*）一書，波以耳發明一個具備透明玻璃球體的裝置，裝置上有一個空氣閥可以將內部空氣抽出後封閉，也可以開啟讓空氣再次流入。波以耳用這個裝置展示，如果我們在玻璃球內放入燃燒的蠟燭，抽出空氣的時候蠟燭就會熄滅；如果放入一隻小動物，空氣抽出後動物會窒息死亡，以此證明真空存在。不過波以耳並沒有意圖證明絕對虛空存在，而是重新將所謂「真空」定義為「沒有空氣存在的空間」。波以耳的實驗並不單純只是一個實驗，像變魔術一般展示這個成果，根據謝平（Steven Shapin）和夏佛（Simon Schaffer）的《利維坦與空氣泵浦：霍布斯、波以耳與實驗生活》（*Leviathan and the Air-Pump: Hobbes, Boyle, and the Experimental Life*）一書，為了建立起實驗的觀察客觀性，波以耳發展出一套極具編碼性質的語言來描述整個實驗觀察，甚至參考法律語言來創造出一套適用於科學實驗的客觀描述語言。除此之外，更規定實驗只能由篩選過的人來觀察，才能取得客觀不偏頗的結果。

經過這樣的描述和前面一系列的問題，讀者也許更明顯地感受到，以實驗本身直接驗證事實存在，無法由傳統的邏輯推論來確保、甚至不能以任何推論形式來確保其正確性。更何況當實驗必須預設觀察者具有一定的特質和能力，且使用規定的語言才能夠對實驗進行觀察描述，更讓人質疑實驗所想要證明的科學事實，並不是一個知識上證明的過程，而是藉著機構、規範、科學社群三方權威確立的事實。因此，當實驗被普遍認為是可以直接確立科學事實的管道，自然科學知識的定義又再次受到修改，雖然不像笛卡兒相對於中世紀科學那樣激進，卻也使得自然科學愈來愈遠離最初的定義：由論證證明必然為真、普世皆準的知識。

實驗為什麼會危及科學知識的定義？

一直到霍布斯，自然科學知識仍然意味著知識內容是一種將自然現象作為研究對象、有因果解釋和證明的知識。而「證明」的概念至此都還是以邏輯論證與數學論證作為證明成立的依據，在這個意義上，直接的經驗觀察並沒有辦法提供有效的證明。經驗不能提供有效證明的原因也很簡單，因為經驗因人而異，帶有主觀性，無法像邏輯論證或數學證明一樣提供一個必然為真且普世皆準的保障。

當波以耳做這個抽真空實驗並且發表文章，想以此作為真空存在的依據，他也明確表示他的實驗並不「說明」任何真空的存在狀態或者存在原因，實驗本身不具任何「解釋能力」。然而，波以耳與他背後的英國皇家科學會，希望確立一個共識：實驗生產出來的現象可以確立為「事實」，而且這個事實能夠被視為科學知識。這一步是科學定義轉變的關鍵，因為一直到這裡，所有研究自然原理的人都認為能夠被稱為自然科學知識，一定要具備因果解釋，而單一的事實本身並不是知識。這一個定義再一次可以追溯到亞里斯多德，他認為科學研究，不管自然科學或者其他科學，目標在於找到「理由」或者「原因」，而他的三段論設計就在於找出兩個事件相關聯的原因。從這樣的脈絡來看，我們就很能夠理解為什麼當時已經大名鼎鼎的霍布斯要極力反對波以耳的實驗，因為承認這個實驗不光只是承認了真空存在，還必須同時承認「實驗可以證明事實」，而且「事實能被視為科學知識」。換句話說，承認波以耳的真空實驗，就意味著接受自然科學的新定義：**自然事實的公定認知與解釋**。

在這個意義上，所謂必然為真、普世皆準不再是客觀的保證，「公定」，也就是在機構制定的規範之下所共同認可為真，成了新的客觀標準。這並不代表科學的客觀性是假的，反之，這代表的是我們開始意識到機構的權威與科學社群的內部互動關係，成為科學知識有效性的新保障。當然，經過波以耳整個確立實驗成立的過程，我們也注意到波以耳並不是完全不知曉其中的利害關係，這也是為什麼他執意要建立一套實驗室語言，讓所謂的「公定」不只是一個和諧意見，而有著非常嚴格的程序與規則，確保所有觀察者在觀察的每一個步驟上都以同樣的方式觀測。就好像法院審判一樣，所有人必須對法庭上發生的每一分每一秒都有著一模一樣的理解，最後才能做出所謂客觀的判斷。讀者可以發現，如果波以耳當時沒有英國皇家科學院的支持，且整個學院沒有都開始採取這個態度，為波以耳「實驗能夠生產科學知識」背書，那麼單打獨鬥的波以耳可能就不會這麼順利就將實驗變成知識生產的一環。

自然科學與哲學分道揚鑣的開端

這一步，是哲學與自然科學產生裂痕的起始點，不僅是因為實驗讓經驗變成證明方式，或者降低了論證的重要性，最主要的關鍵其實是自然科學社群開始建立自主性。換句話說，當自然科學社群成為界定自然科學知識的關鍵參照，其方法是否科學、是否能生產知識、需要什麼樣的標準程序和規定，這些都成為社群內部的問題，外部就算加以批判、檢討都不會輕易撼動這些決策，此時哲學就逐漸無法以知識理論來規範自然科學知識。換一個說法，在此之前，自然科學既然自詡為最高層級的知識，要有論證證明、因果解釋、絕對客觀基礎，在此意義上，即使形上學研究不再屬於自然科學研究的一環，哲學作為檢視知識基礎的活動，仍然繼續提供所有知識模型的最終真理基礎。然而，一旦這個普世、必然、具備論證與因果解釋的普遍知識條件遭到揚棄，轉而開始由機構權威來確保什麼是客觀、什麼是有效、什麼是標準知識生產程序，哲學就開始愈來愈無法干涉自然科學的發展。簡言之，自此開始，原本自然科學指的是眾多科學當中研究自然的科學，從此以後開始邁向一個獨立的體系，換句話說，科學就逐漸等同於自然科學。

十七世紀在歷史上是一個非常關鍵的時代，如今科學的定義基本上在十七世紀定型，開始走出獨立於哲學的路。霍布斯與波以耳兩人都是牛頓的前輩，到了牛頓身上，不僅實驗的地位得到確認，空間與時間的定義也終於擺脫亞里斯多德「空間是物體的空間、時間是物體變化的時間」，成為獨立於所有物體的絕對空間與絕對時間。十八世紀的德國哲學家康德，為這一套時間與空間觀提供了知識論與形上學的基礎，雖然哲學與自然科學此時已經分屬不同學科，相互之間的交流與影響也愈來愈少。下一章就讓我們來介紹康德這個在哲學上影響非常重大，且為科學重新提供一套知識理論基礎的哲學家——儘管這一套知識理論已經不再對自然科學社群具有規範能力。

3分鐘思辨時間

一、波以耳如何奠定以實驗生產科學知識的科學模型？

二、你覺得要如何確保在實驗中，所有人的觀察都一致？

三、按照本節內容，十七世紀開始，機構與科學社群對知識生產為什麼有影響？

第八章

自然因數學而科學——康德

- 從理性主義與經驗主義之爭到哥白尼轉向
- 眼睛業障重？
- 「先驗綜合判斷」的歷史創舉

哲學家小傳

康德

康德（Immanuel Kant）生於一七二四年的一個製馬鞍家庭裡，長於虔誠信仰的環境中。大學畢業後，他當家庭教師維生，直到獲得大學教職為止。康德的一生老實說相當平淡，生活極度規律，沒有太多閱歷可說，只能說他是一位卓越的大學教授，但他絕不是一個怪人。他熱愛與人聊天交流，上課風趣，善於比喻，意在激發學生的獨立思索，對人態度和藹且樂善好施。他算不上是正統的基督徒，但無疑有堅定的信仰，對道德的熱中明顯遠勝於對宗教的虔敬。相較於他平靜又乏善可陳的人生經歷，他的著述豐富令人咋舌，更不用說他的哲學思想為我們所帶來的深遠影響，這反倒顯示出他的傳奇性。晚年的康德已是一位令人敬重的哲學家，他逝世於一八〇四年。

德國哲學家康德，絕對是繼亞里斯多德之後又一個有野心建立一套龐大哲學體系，將所有可以認知的問題與對象都整合到這個體系當中的哲學家。提起康德，大家時常只記得其文字艱澀難讀，理論複雜且分類與概念定義繁多，非常難以理解。這一章會集中在康德對自然科學知識基礎的討論上，介紹的內容集中在《純粹理性批判》（*Kritik der reinen Vernunft*）這一本哲學史上非常重要的著作當中。

如果說，笛卡兒為新科學模型建構出開端理論，那麼康德的野心就在於為這個已經發展成熟的模型建構一套知識論，說明自然科學知識到底在什麼意義上能夠被視為具有客觀性的真理。讀者也許能看出來，康德和笛卡兒之間有一個共通點，就是兩人都在找尋產生知識的真正基礎，就像蓋房子一樣，在搭建偉大的建築之前，要先確保地基穩固。康德和笛卡兒之間的承接關係在康德的眼中非常明確，對康德來說，笛卡兒選擇了對的路線以及對的方法，但是反思得不夠徹底，所以他選擇回到笛卡兒的我思故我在，重新審視科學知識的基礎，而也是到了康德的哲學中，「現象」的概念有了完整確實的定義。

「我們能知道什麼？」這是康德整部《純粹理性批判》希望回答的。對他來說，笛卡兒的懷疑方法正好提出了這個問題：既然感官經驗不能讓我們真正知道世界的真相，而單純只有推論也不行，那我們到底能知道什麼？如果對於笛卡兒來說，他問的是「我能知道什麼？」那麼對康德來說，最重要的問題則是「人能知道什麼？」一字之隔，卻把原本必須由上帝來保證的知識客觀性，轉而建立在人類的理性結構上。

要介紹康德對自然科學的看法，絕對不能忽略的一個關鍵概念就是：哥白尼轉向。這一章會從哥白尼轉向開始，介紹康德如何為理性主義與經驗主義兩派在爭吵已久的知識基礎的問題上提出解套；接下來，本章將討論「現象」這個概念在康德的哲學體系裡面如何定義且扮演什麼樣的角色；最後，我們要討論一個聽起來就十分艱澀、康德專屬的概念：先驗綜合判斷，以及先驗綜合判斷如何作為科學知識的基礎。

從理性主義與經驗主義之爭到哥白尼轉向

說到知識的終極基礎，經驗主義和理性主義從笛卡兒以降爭論了一個世紀，到康德的時代已經開始各說各話，無法辯出輸贏了。經驗主義和理性主義，一邊認為知識的基礎是經驗，換句話說，所有的知識，無論抽象與否都來自於經驗；另一邊，理性主義則認為知識全部都建立在理性原則之上，若沒有理性原則進行比較、分析、綜合，就沒有任何經驗能夠變成知識。雙方不斷爭論到底是先有理性原則，然後才把感官資訊分析成判斷，還是先有經驗，從經驗積累當中建立抽象原則。面對這樣的情況，康德一方面深深受到知名經驗主義懷疑主義者休謨（Hume）的影響，認同人類的知識範圍受到本身限制所局限，所以所有抽象原則的出現，其實都只是源於經驗當中，因為事物不斷重複先後出現，慣性連結出來的結果；但另一方面，康德也深深地受到德國理性主義所建構的形上學體系影響。面對這兩派爭論到底先有經驗還是先有理性原則形成的某種困境，康德表示其實兩派對於知識基礎的討論都選擇了錯誤的出發點。康德認為，我們會陷入經驗主義與理性主義無止境又沒有結果的爭論，是因為我們總是以為知識的意義就在於告訴我們世界是什麼樣子，但其實我們的知識內容反映出來的是**人類作為認知主體的認知結構**。這個觀點的翻轉就是所謂「康德的哥白尼轉向」。

這樣的翻轉之所以被稱為哥白尼轉向，因為就好像從前所有人研究星球運轉，看到太陽東升西落，便認為地球沒有動，是太陽、月亮和其他星球繞著地球轉，但其實我們所看到星球的起落與位移，顯示出的是地球自己的運轉方式。如同哲學家一直以來討論知識的基礎，認為被當作知識的內容，是那些忠實描述世界、沒有任何認知主體主觀介入的結果，而康德提醒我們，也許我們所討論的知識其實正巧反映出來的是作為認知主體的人，在知識形成的過程中做了什麼樣的介入。這種講法就好像人類已經內建了一副過濾眼鏡，所以我們看到的影像全部都呈現出過濾眼鏡的效果；與其一直認為這些影像捕捉的完全是外在世界，還不如回過頭來檢視這個過濾眼鏡到底怎麼影響了認知結果，了解自己是在什麼條件之下產生了認知內容。

如果只研究人類的認知過濾眼鏡，這個以人類認知結構為主的立場聽起來仍然很像理性主義的起手式，但對康德來說，從這個觀點出發，我們會先體察到經驗與理性不是可以清楚分割開的內容，其實所有經驗裡面已經有理性處理的痕跡，而所有理性運作之中也都已經有經驗提供分析對象，兩者沒有誰先誰後，因為缺了其中一個，都不會出現任何形式的知識。至於為什麼經驗已經是人類理性處理過的結果，這一點就必須要從康德對「現象」的定義說明起。

眼睛業障重？

第六章介紹到笛卡兒的懷疑方法時說到，笛卡兒批判士林哲學學派，感官接收到什麼，就認定存在物本身具備這樣的性質，好像看到桌子是黑色，所以黑色就是桌子擁有的性質一樣。接續這個脈絡，康德也認為直接認定感官裡面呈現的就是外在物本身的樣貌，這個推論無法成立。不過，跟笛卡兒不同的地方是，笛卡兒認為感官經驗唯一能證明的就是思想主體存在，但對於康德來說，感官經驗不但展現了思想主體的介入，同時也證明外在客體存在，只是不以經驗呈現出來的方式存在。簡單來說，如果對笛卡兒來說「我思故我在」，那麼對康德來說，「我思則物在」，因為我思內部呈現出了外在物的狀態，所以一定有些什麼東西讓我思接收到這些內容，這些東西必然存在，儘管它本身的存在樣態可能不是經驗內所呈現的模樣。

康德的這一個轉變，最主要的企圖就在於讓知識真的是坐落在實際存在的世界上，而不是像笛卡兒所認為的，所謂的意識內容並非物的現象，而只是我思內出現的現象。然而，康德所選擇的立場同時也為他帶來不少難題：如果說所有知識都是從物而來，但我們的感官又不忠實呈現物的訊息，那我們怎麼知道哪些經驗與知識從物而來？或者，是不是真的從物而來？

讓我們換一個問問題的方式。如果今天我們開始意識到，眼中所見的顏色其實只是光的波長，根本就沒有顏色作為一個性質存在，進而我們意識到，也許我現在眼前看到的黑色桌子、紅色書本，其實離開我的視覺根本就不是黑色、紅色，甚至可能也不是那個形狀，如果是這樣，要怎麼斷言那裡有一張桌子和一本書呢？有沒有可能其實我眼前什麼都沒有？問這些問題的同時，我們就回到了笛卡兒的懷疑論。

根據笛卡兒的解釋，他認為我們仍然可以確定外在有些什麼東西存在，因為當我們檢視我思內部的內容，會發現所有物質性的對象都有延展性：有長寬高、占空間、可移動等等，雖然這些延展性是透過我思所掌握到的觀念統整出來，所有經驗對象呈現的共同性質，但因為延展性的觀念能夠明確地掌握到所有物質實體共同的必然性質，所以可以推論延展性是屬於物質實體的性質，而不是思想內加工的結果。從這裡可以觀察到，笛卡兒是由意識內容去抽象出呈現在經驗裡面對象的共同形式，以此判定這些形式屬於外在的物。所以，我也許不知道我眼前這張桌子是什麼形狀和什麼顏色，但可以知道一定有一個具有延展性的物體在我眼前。

同樣的問題到了康德這裡，依然無法確認經驗對象本身，在獨立於經驗之外到底長什麼模樣，康德卻認為，如果我們檢視所有經驗當中呈現的物體，會發現這些對象都有著同樣的形式，比如說有形狀、占空間的延展性，這個統一形式其實反而指出了思想主體，也就是我們的理性，到底對感官收到的訊號做了什麼樣的統一處理。對康德來說，正因為我們可以分析出經驗對象的統一形式，而這些形式永遠伴隨著內容一起出現，比如說經驗裡面的方形永遠都不是一個完美的幾何圖形，恰好代表外在物必然存在，且它的存在本身正好提供了能夠被放入理性形式中的內容。換句話說，一定有某些事物不在理性之內，卻提供了關於它自身的內容，如此我們才能看到經由理性用特定方式處理後，有著統一形式但內容不一的經驗對象。不過，在康德眼中，笛卡兒所謂的延展性並不是人類理性的基礎框架。康德認為用來理解延展性的各種概念（形狀、數量等）已經是在經驗的基礎上抽象出來的二次處理，因為如果我們繼續分析下去，就會發現人類理性的基礎框架是時間與空間，換句話說，只有能夠呈現在時間與空間裡面的對象能夠成為經驗對象。在這個意義上，人類的理性就像一張網子一樣，只有能落在網子上的對象能夠透過網子的規則呈現出來，成為人類認知的對象，但如果沒有落在網子上的對象，那麼人類認知就沒有任何內容，對於人類認知來說這樣的對象就不存在。康德著名的「沒有內容的思想是空洞的，沒有概念的直覺是盲目的。」這句話就是從此而來。

既然所有經驗都已經是理性用特定形式處理接收到的內容之結果，我們因此認識到的永遠都是事物的**現象**，而非事物本身。而既然所有認知對象，都是思考主體的理性處理過後才呈現，那麼造成經驗現象的，那個外在於思考主體的物體自身，自然就無法作為任何知識主體的直接對象，換言之，物自身，不可知。

自然科學研究自然現象，在這個意義上，從來就不是純粹研究自然現象，而是在人類理性框架的限制下才能進行研究，而這個框架對康德來說，就是所有人類理性內在的根本結構：時間與空間。如果對於牛頓來說，物理學必須要先承認絕對的時間與空間存在，才能透過時間與空間的均值切割來找出可以數學化的公式，那麼對康德來說，他只是將牛頓的絕對時間與空間從外在存在，變成人類理性的內在框架，兩者所提供的自然科學認知基礎完全相同。

介紹到這裡，讀者也許會感到疑惑，既然現象都經過人的理性介入，那我們的知識不就只是人類建構的知識，不再客觀也不是必然為真，而且如果有人為介入，難道其中不會蘊含著科學知識只是文化產物的涵義？要知道康德如何確保科學知識的客觀、普遍與必然為真的條件，就必須了解康德如何提出「先驗綜合判斷」這個概念。

「先驗綜合判斷」的歷史創舉

為了讓大家更容易掌握先驗綜合判斷這個概念，我們將從康德的結論開始介紹，從結論慢慢推回這個概念。康德的自然科學觀基本上仍然承接了笛卡兒，也就是將以數理幾何為基礎的物理學視為整個自然科學知識的穩固基礎：如果自然知識沒有數理公式作為表述與證明，那這種知識的科學性就很低。在這個前提下，數學這個好幾個世紀以來一直被認為是上帝寫出世界的語言，就是自然科學擁有嚴謹知識基礎的關鍵，對笛卡兒如此，對康德更是如此。

然而，在這樣的立場上，康德面臨到一個他必須解決的難題。數學在傳統上被認為屬於純粹的分析知識，也就是說數學跟經驗或外在世界在傳統上毫無關係，如果康德將整個自然科學知識建立在數學上，他就等於將整個自然科學知識建立在抽象的理性原則上，前面所強調知識的實在與經驗基礎就化為烏有。那怎麼辦呢？

數學一直到康德的時代以來，都被視為是完美的推論性知識，從公理推導出整個數學體系，因此屬於真理性質具有必然保證的分析性知識。康德面對的問題是，如果選擇將科學知識建立在數學上，那在沒有否定數學之為分析性知識的前提下，康德就必須捨棄自己「知識建立在經驗上」的立場；但如果不選擇數學，康德就必須另外找到可以保障知識必然為真的基礎，考慮到當時所有科學都建立在數學上，後者是非常棘手的選項。因此，康德的解決方式，就是重新檢視數學知識，強調數學其實並不是純粹的分析知識，而是仍然以經驗為基礎的綜合知識。康德這一步棋是哲學史上非常驚人的創舉，不過要理解這個創舉，必須了解什麼叫作分析知識，什麼叫作綜合知識。

分析與綜合是用來區分兩種判斷的一組概念。分析判斷，顧名思義指的是這個判斷內容是邏輯分析而得，屬於演繹性質的認知。對康德來說，分析判斷的定義就是判斷的結論已經包含在前提當中了，因此一個分析判斷永遠不可能出錯。比如說，「所有單身漢都沒有結婚」，這句話就是典型的分析判斷，因為沒有結婚的結論已經包含在單身漢的概念裡面了，因此當我們說「單身漢」其實已經包含了「沒有結婚」的判斷，就好像說A等於A一樣，必然為真、不可能出錯。分析判斷在這個定義下，最大的問題在於完全沒辦法推進知識內容，每一句判斷都好像在自我重複一般。反之，如果一個判斷的結論並沒有包含在前提裡面，必須透過經驗來做判斷，就像「天空是藍色」一樣，只有當下看了天空（經驗），才有可能判斷天空是否為藍色（做判斷）。這個類型的判斷被稱為綜合判斷，因為我們必須檢視判斷內的主詞（天空）和述詞（是藍色），通過經驗將兩者綜合成一個對事態的判斷，所以被稱為綜合判斷。綜合判斷的正確與否因為倚靠跟現實狀態的關係，因此通常不會永遠為真，而只有在現實狀況符合的時候才為真。分析判斷與綜合判斷的區分在康德之前就已經出現，康德也沿用這樣的劃分，不過，康德另外提出一種綜合判斷，這種判斷雖然是綜合判斷，卻必然為真，所以可以作為科學知識的基礎。這種新創的綜合判斷就是**先驗綜合判斷**。

在康德眼中，標準的先驗綜合判斷就是數學。與傳統認為數學是分析判斷不同，康德舉了一個例子5＋7＝12，12的概念並不在5或7或加號裡面，所以不能單純經由分析而推斷出來，而是要認知到5是什麼、7是什麼、＋又是什麼，綜合三者才判斷出12，因此數學對他來說屬於綜合判斷。不過，數學這種綜合判斷特別的地方是，它雖然是綜合判斷，卻不需要經驗來執行判斷，也不依賴具體經驗，所以稱為「先驗綜合判斷」。

數學不依賴具體經驗這點，大家應該很容易接受，但儘管數學不依賴經驗，對康德來說數學判斷仍然沒有和整體經驗認知脫節。為什麼這麼說呢？康德表示，數學作為數之間的關係，「數」的概念是從所有人類經驗共同的時空形式，透過「量」的概念再進一步分析之後得到的結果，所以「數」的概念仍然建立在經驗上。簡單來說，既然所有我們的感受性認知，不管是透過想像，還是感官接受訊息，我們的感知對象都是被投射在時間與空間當中的物體，而所有人類不管有多少種不同的感受方式，都共享這個組織感性訊息的時空形式。換句話說，以人類認知而言，如何感受也許因人而異，但感受本身能夠呈現的框架必然一模一樣。作為感性認知的形式，時間和空間可以像座標一樣無限延伸且無限切割，我們也就可以在這個座標上面界定出一個單位的空間與一個單位的時間，以此來描述某個物體占了多大面積、運動延續多長時間，如此一來，量的概念就能夠用來表達所有感性知識（面積、顏色、聲音、速度等等），有了「量」，就能進一步抽象出「數字」的概念，以更抽象的方式來表述物體現象。

這個細微的差距大家可能難以掌握，比如說「十單位」和「數字十」，是兩個不一樣的概念，就像理解十個蘋果加上三個蘋果可以數出十三個蘋果，並不等同於知道10＋3＝13。而且擁有加法的數學知識可以幫助我們迅速算出「十個蘋果加上三個蘋果」會有幾顆蘋果，再也不需要一個一個去數蘋果，這是能讓我們的知識迅速增加的轉變。一旦具體的事物能夠被抽象地量化，就像我們可以把一個大小的方格當作一個空間單位，並以此量化出桌子的面積是三個單位，等同於三十平方公分，而人是十個單位，如此一來重量、質量全部都可以量化，從而找出面積和質量之間的數字關係，得出密度公式。如此一來，所有在感官裡面各自為政、一個一個的個體，就因為可以被一同量化而共同以數學來理解。這樣得來的判斷不僅是綜合判斷，因此可以增長知識內容，而且獨立於經驗，同時在全人類都共享同一個感性認知框架的前提下，判斷的內容對人類來說具有客觀性，且必然為真。因為這些判斷不針對經驗取得外在事物投射在框架內所呈現出來的特定內容，而是經驗中那永恆不變且對所有人類皆準的形式結構之內部特性。在這個意義上，對大自然現象的研究必須要數學化，用數學這種先驗綜合判斷的真理，來保障所有自然知識絕對為真，而且對人類來說普世皆準的科學性質。

科學到康德手裡，我們還可以看到「科學」作為嚴格、必然為真知識的定義，但也不難發現，康德的知識客觀性與普遍性其實是以人作為標準的客觀和普遍。也就是說，數學是對人類來說——或者對所有和人類擁有同樣認知形式的物種來說——絕對為真且普世皆準。讀者也不難發現，康德的理論為牛頓模型的自然科學提供嚴謹的知識論基礎，但如果擺到今天愛因斯坦的自然科學理論，康德的內在絕對時空形式似乎就難以成立。雖然這些理論從今天的角度來看，或多或少都會被推翻或需要修正，但我們同時也從理論提出的過程中意識到，原來「自然科學」這麼稀鬆平常的概念，需要經過這麼多考量。

康德為他所屬時代的自然科學所建立的知識理論已經視經驗為科學知識的基礎，但跟今天我們所說的實證科學還不太一樣。一直要到本書的最後兩章才會討論到實證科學的科學性定義與知識理論，而綜觀自然科學史，其實也是到了非常近代，實證科學才正式取得今天的地位。

3分鐘思辨時間

一、康德的哥白尼轉向是什麼？在哲學史上的意義是什麼？

二、康德所說的「現象」是什麼？

三、從康德的先驗綜合判斷來看，數學跟經驗之間的關係為何？

第九章

你確定數學是上帝創造世界的語言嗎？——胡賽爾

- 世界與我的天人永隔？
- 胡賽爾面對的二元對立死局
- 意向性：意識永遠是朝向某物的意識
- 科學是長時間互動的結果

哲學家小傳

胡賽爾

胡賽爾（Edmund Husserl）是一位出生在一八五九年的尤太人，他的父親是布商。九歲的胡塞爾被送到維也納讀書，那時他的成績並不好，為了畢業他才臨時抱佛腳地用功，也是因此之故讓他對數學產生了極大的興趣。不過他在大學時接觸了哲學與宗教，種下他後來選擇哲學而非數學作為終生職業的因緣。在追隨布倫塔諾（Franz Brentano）進行學習之後，胡塞爾陸續在幾個大學裡擔任教席，所到之處無不聚集仰慕他哲學的一眾青年學子，其中不乏許多重要哲學家，如海德格、高達美、卡那普等人，他的現象學哲學也影響了諸如沙特、梅洛龐蒂等人的思維方向，因而要了解二十世紀西方哲學，就絕不能不知道胡塞爾哲學。由於他的尤太人身分，胡賽爾晚景淒涼，逝世於一九三八年。

今天偶爾會看到對量化研究的批評，但我們可能以為這是今天出現人文科學量化研究才浮現的批評，其實這樣的聲音在十九世紀末、二十世紀初的德國哲學家胡賽爾（Edmund Husserl）身上，就已經出現。

就哲學思想的對話而言，笛卡兒、康德與胡賽爾之間，對自然科學知識的探問有著非常強烈且明確的承接關係，康德選擇回到笛卡兒的我思故我在，胡賽爾更是直接寫了《笛卡兒沉思》（*Cartesian Meditations: An Introduction to Phenomenology*）這本書，一樣回到我思故我在所啟發的議題上，為科學尋找更穩固的基礎。

德國哲學家胡賽爾是現象學的始祖，但較少人知的是胡賽爾其實是數學家，在寫完數學博士論文之後開始對心理學這門新學科充滿興趣，因此成為當時心理學重要學者布倫塔諾（Franz Brentano）的學生。在數學和心理學之後，胡賽爾將自己提出的理論稱為現象學研究。在這樣的介紹之後，讀者也許會覺得胡賽爾的生平很複雜，興趣廣泛，也可能會不解這樣一個人最後為什麼成為了哲學家，還決定要以現象學來重新確立嚴格科學的基礎。其實前面介紹的每一個哲學家都非常博學，只是從康德開始，學科劃分逐漸走向分工明確，學術研究領域之間的分水嶺也愈來愈難跨越，所以才特別會感到胡賽爾跨足多個領域。不過，如果我們回到胡賽爾真正傾注全力的研究，不難發現他的哲學關懷一直十分明確，如果簡單摘要，就又回到笛卡兒、康德的那一句話：科學的基礎。只不過，胡賽爾認為在他之前的人對科學基礎的反思仍然不夠徹底，所以他提出自己不同的理論，而這個理論也開創了現象學研究。

世界與我的天人永隔？

如果說康德所面對他那個時代的主要爭論在於：知識的來源到底是理性原則還是經驗（也就是理性主義與經驗主義之間的紛爭）？那麼胡賽爾時代所面對的主要論戰，就是探討知識是思考主體建構的結果？還是客體的客觀狀態？從理性與經驗之間的對立，到主體和客體的二分，這兩個辯論都離不開笛卡兒和康德。

在第六章介紹笛卡兒的時候，「我思」這個認知主體被論證為第一個不容置疑的存在。主體（subject）概念的演變有其複雜的歷史，就算到了笛卡兒，他也沒有用主體這個概念，每一次都是用我思，因為「主體」這個詞原本並不是現在主要定義的行動的「主動者」。但是，有了笛卡兒我思故我在的論證，思想主體成為一個正式的哲學概念，這一個主體的概念，到了康德又因為人類理性介入知識生產的過程，進一步讓認知主體成為知識建構過程當中的關鍵環節。第八章中，康德在調和理性主義和經驗主義的時候，其實是希望整個知識的建立取得理性與經驗兩者同等重要的平衡點，但整體看下來，認知主體對感性內容的加工仍在理論上占有更重要的地位，而客體（object），也就是外在的對象，又在「外於主體就不可知」的前提下，顯得比較不重要。從康德開始，歐洲哲學的論戰就出現兩條路徑：將主體與主體性作為知識核心的德國觀念論，與強調客體與客觀性的英國經驗主義，兩個陣營彼此之間又和理性主義與經驗主義一樣吵不出所以然。

這些歷史上知名的理論派別與論戰非常複雜，不過問題的核心比較容易理解。讀者不難注意到，在笛卡兒開始懷疑感官經驗是否能忠實呈現外在世界的時候，已經開始把「認知的人」與「被認知的物」放在兩個端點，不僅如此，主體更無法直接認識客體。簡單來說，在主體的思想中呈現出來的客體樣貌，不是客體本身的樣子。隨之而來的是作為思想的存在物，也就是我思，跟外在有延展性的客體，是兩個完全不一樣的存在實體，此外，所有存在物，不會思考就一定有延展性，沒有延展性就一定會思考，而且「人」是思想實體和身體作為延展性實體的複合體。這便是笛卡兒的二元論。到了康德手上，客體本身已經不可知，我們甚至不能像笛卡兒一樣，說客體具有延展性，因為沒有經過主體加工的客體，完全無法認識。讀者不難感受到，主體和客體在這兩個哲學家的理論發展裡面隔得愈來愈遠，彼此之間已經沒有任何直接交流。胡賽爾的野心，就在於消解主體與客體、主觀與客觀、主觀性與客觀性的二元對立問題，因為整個知識的討論在這種二元對立預設下，已經讓知識的問題完全變成了要不是全然由主體建構，不然就認為某種研究方法可以完全脫離主觀影響、達到絕對客觀，這種兩方對立的立場，就好像康德時代的理性主義與經驗主義一般，非此即彼。

胡賽爾面對的二元對立死局

胡賽爾面對的時代，自然科學已經走向全面數學化，主張客觀測量和數學公式下的科學知識是最客觀、知識有效性最高的知識，因為可以重複檢測，而且不管到哪裡都能有效地量化和公式化，保障我們攫取到的一定是最不受單一主觀影響、最客觀的知識。在此般科學的定義下，科學知識的客觀性等同於被量化研究，愈能夠數學化就愈是客觀，反之，非量化的研究就被視為是帶有主觀性、非科學的研究。儘管整個歷史長河當中，有過半的時候哲學被視為一門科學，但在這樣的定義下，哲學就此完全排除在科學的範圍之外。在胡賽爾眼中，客觀主義成為他眼中科學的危機，以為量化的測量就代表研究結果，沒有任何人作為主體的介入，導致大量學科研究開始急著走向量化研究，取得科學地位。相反地，在客觀主義的對立面，有著另外一些在胡賽爾眼中走上主觀主義的研究，好像一旦主觀就不具任何知識的規範。正是在這樣的知識脈絡下，胡賽爾認為，需要重新檢討知識的基礎，消解掉主體與客體、主觀與客觀、主體主義與客觀主義三組二元對立。

要說明胡賽爾如何消解他的時代所面對的二元對立死局，重新建立科學知識的基礎，有三個概念必不可缺：意向性、理想客體、互為主體性。以下就分別說明這三個概念如何讓胡賽爾把科學知識建立在不是客觀也不是主觀的基礎上。

意向性：意識永遠是朝向某物的意識

意向性（intentionality）是德國心理學家布倫塔諾（Franz Brentano）提出的概念，但胡賽爾將此概念發展得更加徹底，進而將人類所有認知都建立在意識的意向性上。要說明胡賽爾的意向性，又必須再次回到笛卡兒這一句「我思故我在」。

當笛卡兒說出我思故我在，對他來說，我思，不管是我感受或我想像，任何精神活動都沒辦法忠實地傳遞認知對象的狀態，就像我的視覺內有一張黑色的桌子，但這個感知本身沒辦法確定我面前的這個物體是否真的以這個黑色的樣態存在。到了康德，在我感知到的內容中，如果真的有感知到什麼對象，那這個對象一定存在，不過絕對不是以我感知到的方式存在，因為我作為主體，在感知的過程已經對認知到的內容有所加工了。在笛卡兒和康德的理論中，認知者和認知對象都被區分在認知內容的兩端，兩者互相之間沒有任何直接互動。到了胡賽爾，他認為我們之所以會覺得有主體和客體的區別，其實是因為意識具有意向性，也就是當我們擁有意識，永遠都**意識著什麼**，就如我們思考的時候，永遠在思考著些什麼，愛的時候必定愛著什麼、恨的時候必定恨著什麼……任何意識活動都有這樣的共同點，胡賽爾因此將意識活動永遠作為「向著某物的意識」這一點稱為意向性。而意向性這個建構出主客體的關係，才是意識內容能夠確切證明的存在，而不是笛卡兒的主體，也不是康德不可知的客體。換句話說，問題的重點不在於有沒有主體，或主體之外有沒有客體，而是「意向性」作為一種關係的出現，才建構成所謂我們以為的主體端，和我們以為外在於我們的客體端。

意向性的概念比起主體、客體更為抽象，如果用比較影像化的方式來理解，我們可以想像，當我們試圖畫一個人看到一顆蘋果，我們可能會畫出一個人，眼睛前有個箭頭指向一顆蘋果。在這樣一張圖當中，看到蘋果的人是主體，蘋果是客體，而意向性就是這個指向蘋果的箭頭。這個箭頭有什麼意義呢？讀者不難發現，不管是從作為主體的人出發，還是作為認知對象的客體出發，兩種出發點都加強了主體與客體之間的區分。胡賽爾認為，要以中間的箭頭作為出發點，也就是「意識永遠都是朝向什麼的意識」，當這個具方向性的關係出現，才建構出主體和客體，換句話說，其實根本沒有主體，也沒有客體，就只有意識的意向性將能夠進入意向性關係內的內容，組織成主體端與客體端。在這個意義上，當意識的意向性連結出某個對象，而對象顯現在意識內的時候，對象同時也只顯現出能夠進入意向性關係的部分。就如同古漢語中「見」與「現」一體同字，當我們看見什麼，我們看見的也只是對方願意顯現讓人看見的部分。

讀者也許感覺這樣的說法十分虛無玄妙，離科學十分遙遠。其實一個簡單的顏色例子就能夠說明，今天我們看到的顏色，有確切名稱或者色號者多不勝數，但大家應該知道，並非一直以來都存在這麼多僅具些微差異的色號，甚至到了今天，沒受過特殊訓練的人，根本看不出某些非常近似顏色之間的區別。古希臘的歷史文獻中曾以「葡萄酒」的顏色形容愛琴海，在我們眼中看來不可思議。然而，愛琴海並沒有從深紅色變成藍色，也沒有新的顏色突然誕生，只是在古時候人與人之間的認知活動內，互動出來的理解預設和習慣，讓顏色顯現在意識內時會以葡萄酒的顏色被看見。他們的視覺沒有問題，他們也沒有看錯，只是以當時意識內部的關聯網來說，能進入意向性關係的顏色只能以特定的方式呈現，與主體和客體是如何都沒有關係。

強調意向性，就是因為胡賽爾認為整個哲學史的發展過程，將人類建構成抽象的認知主體，完全忽略人對自己所意識到的內容賦予意義，從來都是集體互動的結果，不是單一主體的官能或理性能力自動就會如此分析認知對象。我們之所以可以認識世界，因為我們認識的整個世界都在意識當中被賦予意義，而且這個意義不屬於單一個人，而是人與人之間在社會、歷史的作用下互動出來的結果。在這個意義上，我們認識的世界永遠是意識所建構出來、有意義範圍之內的世界，也就是胡賽爾所言的「生活世界」。當這個意義建構出來一個「萬物有靈」的自然世界，那能作為對象進入意向性的，就是符合萬物有靈的部分，在這個系統裡面建構起來的對象同樣也會符合萬物有靈的性質。但如果主體共同建構出來的意義系統是一個「機械」的自然世界，那在這類意識裡面展現的生活世界就可能是一個「萬物都只是有待人類操作的工具零件」的系統，在這個系統裡面的知識對象、知識問題、知識方法、知識領域都會跟前者不一樣。至於不願意進入意向性世界的東西，在這個意義上，就好像是有人穿越時空回到三千年前，跟大家說地震不是地牛不高興而是板塊運動，板塊勢必無法進入意向性，所以對那個時代的人來說沒辦法作為認知客體，自然就無法被理解。

這樣的說法看起來與科學十分遙遠，也許讀者會感到納悶，如果所認知的一切都只是意識互動之下所建構出來的生活世界，那不就沒有科學可言？其實不然，胡賽爾仍然認為科學存在，但科學永遠是對當時生活世界抽象後所建構出來的理想客體，沒有什麼穿越歷史、絕對客觀的科學知識，因為所謂的「客觀」也只是呈現在某個生活世界**被建構為客觀**的結果。這個抽象的過程，對胡賽爾來說就是一個不斷去蕪存菁、不斷純化的對象理想化過程。胡賽爾此舉絕對意不在消滅科學，認為世界上只有相對為真的意見、真正的知識不存在，反之，他其實希望將科學從量化意義的客觀性解放出來，希望科學社群能夠在反思到科學是什麼之後，真正開創出新的科學。說到科學的建立，必須要介紹的是胡賽爾如何將科學活動說明為「一個建立理想化客體的過程」，接下來我們就要介紹理想化客體。

科學是長時間互動的結果

按照胡賽爾的理解，主體和客體、所謂的主觀與客觀，都是意識在互動的過程中建構出來的結果。這樣的說法聽起來很像是某種社會建構論，沒有什麼絕對普遍的知識或價值，只有社會塑造的結果；但胡賽爾的理論其實比社會建構更深一層，他想要強調的是，雖然可認知的生活世界是意識互動出來的結果，但在這個互動的過程中，認知的層次可以不斷地增加，在不斷排除細微的個體差異，將認知對象一次又一次進行觀念上的純化，將我們的認知層次理想化到了可以不斷重複出現、重複驗證、可以從頭再次進行一模一樣的操作時，我們就達到科學知識的層次。但理想化與理想客體到底是什麼呢？

理想化（idealization）與理想客體（ideal object）這兩個詞彙不容易翻譯為中文，因為「理想」一詞在中文的語境，通常被用來意指某種人想要追求完美的目標。在此處的理想化與理想客體的確有完美的意涵，所以仍然維持「理想」一詞的翻譯，但是讀者可以注意到ideal（理想）與idea（觀念）這兩個詞極為相近，且並非偶然。胡賽爾在討論理想化，且透過理想化建構出理想客體的時候，指的是意識針對認知對象（意識所建構出來的對象）進行一次又一次去蕪存菁，直到建構出一個定義，穩定到不會受到任何單一案例的特殊性影響。當我們達到這個程度，所定義出來的對象不再是具體對象，因為所有具體對象都有其特殊性，而這個時候的對象更接近一個觀念，還是一個所有面向都有著嚴格定義的觀念性對象，在這個意義上，胡賽爾稱這樣在一系列純化過程中建構出來的對象為理想化客體。

讓我們舉一個例子來說明這個理想化過程如何建構出理想化客體。比如說，「重量」作為思考與研究的對象，在最一開始可能只是一個非常相對的概念，就像一個人舉一堆稻草跟一堆木頭，發現費力的程度不一樣，相對來說舉著稻草可以走比較長的時間與距離，以此判斷稻草比較輕，木頭比較重。這是本來只屬於某個人的經驗，但如果他開始和其他人分享，會發現所有人的經驗都是舉著稻草比較輕鬆，也能走比較遠。在這樣的狀況下，雖然我們都有對重量的想法，也能互相溝通，但重量只是一個模糊的念頭而已。如果在這樣的脈絡中，有人開始想說，既然輕重程度跟拿著可以走多遠好像有穩定的關係，那我們可以用「拿著能走多遠」來作為測量重量的標準，這樣就能相互溝通一個東西有多重。從這一步開始，雖然還非常初階，但重量已經開始理想化。大家使用這種測量方式一陣子，有人會覺得，每個人工作性質不同，體能相差很大，我拿著能走多遠，跟一個大力士拿著能走多遠會有很大的差異，用這樣的測量方式就會常常有驚喜發生，取得的重量與預期不同。就有人提出，不然我們規定測量的單位變成某個品種的馬拖著可以跑多久，以稻草為標準，如果馬可以拖著稻草跑一天，重量就是一，拖著木頭只能跑半天，重量就變成兩個單位，以此推算。理想化到這個階段，雖然還沒有到科學知識的程度，但讀者應該可以開始理解理想化的過程如何進行，又如何在最終達到完美的重量標準。慢慢的，重量標準不再是以具體的物來作為每次的衡量參照，因為每一個物都會磨損、變質，理想化到最高層次的重量對象會是抽象觀念所建構出來的物，稱為理想化客體。其實歷史上留下很多類似的單位都反映著理想化過程的軌跡，比如說「馬力」（horsepower）或者「英尺」（foot）就是最好的例子。

由此可知，胡賽爾眼中的科學是長時間互動出來的結果，不只是眼前幾代人的社會建構，在幾個世紀的理想化過程中，不僅理想客體慢慢被建構出來，真理和科學知識的判斷也跟著出現。在這樣的脈絡下誕生的科學知識，不能說客觀，因為客觀與客體本來就是意識長時間互動出來的結果；但也不是主觀，因為單一的人無法左右，而科學知識也對所有進入同一個生活世界的人普遍有效，在這個意義上，科學知識的所謂客觀性，其實是互為主體性。也就是意識所建構出的複數主體，「我們」，在世代理想化過程中共同建構出來的判準。

胡賽爾這樣的觀點想要消解的是一種目的導向的史觀，也就是科學知識的發展是有終結點的線性歷史，直到達到最高程度，就是所謂最客觀的知識狀態。反觀歷史，尤其是風起雲湧的二十世紀，很多長期被視為不可動搖的科學真理被推翻和修正，科學社群也開始反思這樣的線性科學史觀是否還有意義。胡賽爾對科學知識基礎的重新檢討，目的絕對不在摧毀科學，而在於讓科學更意識到自己的限制與條件，畢竟也只有在意識到限制與條件的時候，才能有所突破。關於胡賽爾這類型科學真理只相對於特定脈絡有效的討論，下一章要介紹的孔恩就在這個脈絡上，希望提出理論來重新理解科學革命，而且不只是歷史上被稱為科學革命的十七世紀，而是一直以來，整個科學翻轉的動力與結構。

3分鐘思辨時間

一、在胡賽爾的時代，自然科學開始主張客觀測量、數學公式所建立起來的科學知識是最客觀、有效性最高的知識，也發展出量化研究的方法。為什麼胡賽爾會認為這種客觀主義需要檢討？

二、參考本章節的討論與胡賽爾的分析，主觀和客觀的區別是怎麼被劃分出來的？

三、胡賽爾哲學認為「科學是建構」，你認為這個結果會讓科學不再為真嗎？

第十章

科學革命——孔恩

- 顛覆的年代
- 科學的建立與崩潰
- 「格式塔轉移」與「典範轉移」
- 不可共量性與科學進步的意義

哲學家小傳

孔恩

孔恩（Thomas Kuhn）於一九二二年出生在美國的一個尤太人家庭，一九四三年在哈佛大學獲得物理學學士學位。孔恩其實是純科學家，只因一九四八年領命去教科學史的課程才接觸了亞里斯多德的物理學，就此讓他拋棄了原先對科學本質的一些想法，寫出了《科學革命的結構》，讓他從科學家、科學史家，轉行成為科學哲學家。這本書目前應該還是歷來引用數最多的文本之一。孔恩的觀點引發許多哲學上的爭議，但他確實永遠改變了此領域的發展與走向，讓之後的科學哲學與科學史有了更密切的關係。他這本書也引起了社會科學家等其他領域學者的注意，並援引其成果至其他各種領域中，甚至啟發並促成了科學知識社會學的發展。孔恩於一九九六年去世時，還正在寫他的第二本哲學專書。

自然科學在二十世紀出現非常驚人的發展，同時也有好幾個長久被視為無可懷疑的理論遭到顛覆，使得二十世紀的自然科學社群對整體科學的發展與走向感到非常措手不及，因為某些根本預設遭到顛覆，意味著不只是某些科學知識內容需要修改，更是整個科學史觀都必須重新檢視。也正因此，二十世紀中葉以來出現了一代科學哲學家，嘗試重新定義科學，讓科學的定義本身能夠說明科學發展的歷史動態。而湯瑪斯．孔恩（Thomas Kuhn），美國物理學界出身的科學哲學家，其著作《科學革命的結構》（*The Structure of Scientific Revolutions*）一書，對於找出科學發展直至顛覆的歷史動態，有著非常深刻的闡釋。

顛覆的年代

十九、二十世紀是一個連科學家自己都措手不及的時代，正如前面提到，十九、二十世紀有幾個非常根深蒂固、從來沒有被懷疑過的數學、物理、邏輯真理被顛覆，不禁讓許多科學家自問：如果這些本來被視為不可能出錯的真理都被顛覆了，有沒有可能其實根本就不存在真正的科學知識，所有科學都只是暫時為真而已？這樣的懷疑對整個科學領域造成非常大的衝擊，試想如果心心念念追求了一輩子，想要探求自然的奧祕，最後發現自己認識的科學理論原來都可能被推翻，也許真的會讓人不知道如何面對自己的科學研究。

十九、二十世紀幾個最關鍵的顛覆性事件有三個：第一、數理幾何的第五公設遭到質疑，與非歐幾何的出現；第二、牛頓物理遭到愛因斯坦相對論挑戰；第三、哥德爾不完備定理提出，證明二階邏輯系統無法自證。當然，若進一步檢視這幾個案例都會發現，這些新理論並不會完全摧毀舊理論，就像牛頓物理在特定範圍之內仍然有效，但這幾個事件的確撼動了科學家對絕對真理的信念。

歐幾里德幾何學有五大公設，一直到十九世紀晚期都被視為是不可能被推翻的數學真理，儘管就和1＋1＝2一直到很近代才真正有數學證明一樣，五大公設作為公設，就是因為這些是自明不需要證明的推論起始點，其中最著名的第五公設即為：同一平面上永不相交的線即為平行線。就算到了今天，一般中學所教的平行線定義仍然是歐幾里德的定義。

一八二六年俄國數學家羅巴契夫斯基（Nikolai Lobachevsky）發表論文，表示他在嘗試證明第五公設的過程中證明了平行線會相交，並提出發展非歐幾何的可能。這篇論文當時沒有引起任何注意，所有人都認為過於荒謬，不值得討論。一直到羅巴契夫斯過世後十二年，一八六八年，義大利數學家貝特拉米（Eugenio Beltrami）出版《非歐幾何解釋嘗試》（*Saggio di interpretazione della geometria non-Euclidea*），證明在一個弧形平面上，平行線確實會相交會，之後非歐幾何學就成為修正第五公設之後所建立起的幾何學系統。

一九〇五年與一九一五年，愛因斯坦分別提出狹義相對論和廣義相對論，證明時間與空間會相互影響，從而指出十七世紀以來牛頓力學當中的絕對時空預設無法在所有條件下成立。

一九三一年，德國邏輯學家哥德爾發表「二階邏輯不完備定理」（On Formally

Undecidable Propositions of Principia Mathematica and Related Systems I），表示邏輯系統無法證明系統內產生的所有真語句為真。因此，當時希望建構一個數理邏輯系統作為所有知識基礎的計畫從此落空，造就了一代失落的數學邏輯學家。

這三個顛覆性事件的確切內容在這裡並不重要，筆者也沒有野心逐一說明。之所以提起這三個近代科學史上的重大事件，讀者可以輕易發現，因為這三個人都各自顛覆了一個在科學史上普遍認為作為自然科學基礎預設、不可能出錯的判斷。本來大家深信，十七世紀科學革命以來，科學將以線性的方式一直進步發展下去，因為大家相信人類的理性發展成果會以積累的方式進步，就好像牛頓說「站在巨人的肩膀上」一樣，所以當進步否定了從前的成果，甚至是一舉把從前進步所立基的整個底盤給否定了，科學社群不只感到特定知識內容遭到質疑或否定，更是整個理性進步史觀都遭到挑戰，進而開始重新思考真理是不是只是時代產物，其實並沒有普遍真理。正如本書介紹自然科學的討論，從古希臘一直到二十世紀，讀者不難發現自然科學的定義、研究對象、真理判準，當然還包括知識內容已經出現過幾次很顯著的轉變。

儘管上一章講到胡賽爾的時候，我們已經可以理解到科學知識是意識長時間互動出來的結果，所以所有的科學判準、定義、研究對象，其實仍然建立在特定的脈絡當中，並不只是由抽象理性隨著文明發展而愈來愈接近真理的結果。然而，胡賽爾的理論並沒有特別討論翻轉的動力，討論也比較少處理每一次翻轉時，科學發展的結構與發展程序，以此說來，孔恩的《科學革命的結構》在這一點上為讀者提供更為具體好懂的理論。要理解孔恩如何解釋所有已發生與未發生的科學革命的結構，有三個概念必須理解：「典範」、「格式塔轉移」與「不可共量性」。

科學的建立與崩潰

前面說到，本來科學家認為十七世紀的科學革命之後，人類文明正式進入科學發展的軌道上，會以累進的方式不斷進步。但十八世紀末到十九世紀的科學發展打破了這個信仰，對孔恩來說，從這時候起，歷史研究在科學裡面占有一席之位，因為唯有理解科學在歷史上的動態發展模式，才能理解每一次科學自我顛覆的時刻。細看自然科學的發展歷史，就如同本書從第一章以哲學的角度來看科學定義一樣，任何人都可以輕易發現革命性的翻轉，讓整個進步好像從一個新的起點開始的現象並不頻繁，大多數時候，科學發展在很長的時間（一到十個世紀不等），雖然在內容上不斷有新的發展，卻有著很強烈的連續性與知識積累性質。孔恩也注意到了這一點，認為科學發展好像一旦某個基礎成熟，成為主流之後，就會非常長時間在相同的基礎上以累進的方式發展，但在某個時刻，這個基礎似乎會開始崩潰，最終被取代，然後新一個基礎慢慢建立、確立，直到下一次崩潰。這樣的動態只要回顧科學史就不難發現，困難之處在於如何說明此動態的模式與因果關係，正是在這樣的脈絡中孔恩提出了「典範」的概念。

典範（paradigm）指的是一個結構性的模型，而且不僅是模型還有規範性的力量，使得所有產出都必然以相符於某個模型的方式出現。孔恩以典範的概念來說明為什麼在科學平穩發展的時候，所發展出來的理論與知識會有很高度的相容性與連續性，孔恩也將典範成熟的科學發展時期稱為**常態科學**。所謂常態科學就是在一整個時期裡面，科學理論的發展彼此之間有很高度的連續性，大家提出的科學理論好像有著相同的基礎結構或前提，讓整個發展相互補充、知識得以累積，而不是相互推翻。但科學典範是如何形成的呢？

對於孔恩來說，科學典範的出現絕非一個人的成就，更不是幾個同時代的人有意識建構出來的成果。科學典範出現的前提，是**科學社群**的存在，如果沒有科學社群，那麼所有人在知識的發展上都是從零開始、相互不溝通影響，沒有互動就不會有規範出現。但科學社群指的並不是一個實驗室的成員，或甚至一個國家的學術單位，科學社群指的是在研究上會相互參照、溝通、辯論、修正，以至於每一個知識的生產都在集體的影響下出現。因此，就算地理位置相隔遙遠，甚至不屬於同一個時代的人，都可能屬於同一個科學社群。

因為科學社群的存在，每一個科學家進入科學研究領域的時候都不是一個抽離時代、文化背景、人類社會限制的一塊白板，相反地，大家都在非常近似的學習脈絡當中，共享著某些甚至已經變成理所當然的信念，比如說：平行線永不相交一定為真。在科學典範處於常態科學的階段，也就是典範發展成熟的時候，所有進入科學社群的人，都會幾乎不假思索地接受對科學知識的某些基礎設定。比如說，亞里斯多德時代的人接受科學知識必須要有論證證明、牛頓接受科學知識必須要數學化，這些科學知識幾乎是以某種不需要反思就被接納的形象，根植在當下科學社群的每一個成員當中，在這個意義上，科學典範具有規範性質。

除此之外，一個科學典範作為典範，其特性就是會衍伸出特定的提問與解決方式，換句話說，某些問題在一個典範下會成為問題被提出且得到解決，但在同一個典範之下，某些問題就不可能出現。就好像我們說到，中世紀科學模型當中，重量因為對所有實體都是偶然性質，所以不是科學研究對象，在這樣的典範之中，加速度與質量之間的關係（牛頓第二定理）甚至不會被當作應該解決的問題。這樣說來，讀者很容易就可以發現每一個典範其實已經多多少少決定了處於典範內的行動者如何研究、認為什麼問題可以研究、往哪個方向尋找解決方法。在典範沒有崩潰之前，典範內部所發展出來的理論提供足夠強大的解釋範圍與能力，使得在絕大多數的情況內，所有被提出的問題都可以得到解決方案，進而增加科學知識的積累，只有極為少數的特例會出現無解的狀況。正因為在同一個基礎上的提問幾乎都能夠取得解答，這些構成典範的基礎就不會特別被質疑，而會在同一個基礎之上不斷發展出典範允許的新的提問且尋找新的解答，所以才會出現科學常態期的知識累進發展之現象。

然而，當一個典範發展成熟，而內部理論的生產開始飽和，也就是在這個框架內所提供的問題視野已經幾乎沒有創新的空間，這時候就開始出現一些相對微小的觀點轉換，且出現越來越多無法以原典範的框架來解決的問題。就好像在第六章介紹笛卡兒的時候，中世紀末期開始，整個力學研究所拋出的問題愈來愈沒辦法用亞里斯多德學派的自然觀點提供解釋，原本偶發的例外開始變成常態，這個時候就可以觀察到，科學知識的發展不再以累積的方式出現，轉而顛覆從前的特定理論或特定概念。對於特定理論的批判或取代並不足以創造出新的典範，所以孔恩才認為創造典範從來就不是單一研究者能夠達成的結果，因為典範的轉移不是一個理論被另一個理論取代，而是整體結構上出現翻轉。這種類型的轉移，就是孔恩所稱的格式塔轉移。

「格式塔轉移」與「典範轉移」

格式塔轉移（Gestalt switch）在這裡採取音譯，一般也會翻譯為「完形轉移」或者「整體轉移」，但筆者擔心造成不必要的誤解，因此保留音譯翻譯，因為「格式塔」（gestalt）的概念重點不在於整體、完整或全體，而在於關聯方式所形成的形象。Gestalt這個字來自德文，有外型、樣貌的意思，後來被德國心理學發展成一個特殊的概念，用來說明同樣的東西，如何在關聯形式轉化之後被認知為完全不一樣的東西。這樣說起來十分複雜，但讀者一定看過用來說明格式塔轉移的圖片：

圖七

圖七是拿來說明格式塔轉移的經典圖像，仔細看這張圖，也許首先看到的是一個穿著時尚的少婦，但如果轉換圖像元素的連結方式，就能看到這張圖同時是一個鼻子和下巴很長的老婦人。如果讀者還是看不到另一個圖像，或可嘗試稍微瞇著眼睛製造點朦朧感來看。這類的影像遊戲大家應該不算陌生，有時候很容易轉換，有時候卻需要嘗試很久，這一張圖算是比較不容易立刻看出來兩種影像的例子。在看出兩張不同的畫之後，我們可以思考一下，到底是什麼讓我們轉換觀看的方式。首先，圖本身並沒有任何變化，完完全全是同一張圖，就好像科學研究面對的完完全全是同一個世界。然而，雖然圖本身沒有改變，但我們理解元素如何連結組合的方式改變了，比如說，本來被理解成描繪少婦側臉的輪廓線條，是在將正中央黑點理解為耳朵的洞的這個組合下，但同樣的輪廓與黑點如果理解為眼睛與鼻子之間的聯繫，我們看到的圖就變成了老婦人。這種類型的理解轉移被命名為格式塔轉移。

孔恩在格式塔心理學的影響下，也將典範之間的轉換以格式塔轉移來理解，換句話說，自然科學理論所面對的世界與自然世界秩序完全一模一樣，但因為對於科學定義、科學對象、科學研究方式所關聯到的內容轉換，造成整個對科學模型的理解完全翻轉，新的典範從而誕生。每一次科學史上出現革命性的顛覆，在孔恩眼中就是一次典範轉移，換句話說，世界從來沒有變化，但科學家看世界的方式出現轉變，從而讓對整個對世界的說明全部一起轉變。在這個意義上，典範轉移並不只是科學理論被推翻且被新的科學理論取代，而是更深層、整個世界觀的轉變，連帶造成進入視野的對象認知也隨之轉變。

除了典範轉移之外，孔恩更詳細地說明了整個科學發展的動態結構。當舊典範開始大量出現無法提供解釋的例外，內部理論逐漸遭到批評與顛覆，新的嘗試開始出現，就好像我們努力看到上述圖片某些角落好像可以有其他的理解方式，但還沒有看到整體轉變一樣。累積到一定程度，開始涉及舊典範基礎預設，直到有人提出新的觀點來駁斥舊典範的基礎，新典範就開始萌芽。就好像本書第六章描述笛卡兒如何批評士林哲學學派的基本預設，以「我思故我在」提出新的觀點，一個新的典範連帶著新的科學定義、新的科學對象出現。然而，典範不是一萌芽就直接具備成熟典範的狀態，在孔恩眼中，新典範的出現會帶來一段不穩定的非常態時期，在這個時期可能會出現各種不同理論，且這些理論甚至可能不屬於同一個新典範，直到其中一個典範所產生的科學理論在解釋力上系統性地勝出其他理論，這個新典範就會再次成熟，變成整個科學社群研究的起手式。

科學革命的動態結構到此有了詳細的解釋，但還有一個問題，就是新典範與舊典範之間到底是什麼樣的關係？舊典範是因為比較不接近真理所以最終被淘汰嗎？還是新典範只是運氣好成為被社群接受的模型？對此，孔恩以不可共量性來作為說明。

不可共量性與科學進步的意義

不可共量性在第五章與第六章時介紹過，最簡單的理解方式就是兩者之間沒有可比性，因為共同基礎不存在，所以無法進行比較。對於孔恩來說，兩個典範之間不可共量，也就是說，沒有辦法評價兩個典範誰比較正確或誰比較好，因為兩個典範永遠不可能在同一個基礎上出現。

對孔恩來說，當新的典範出現，新的真理標準、科學定義、科學研究對象等全都已經出現，且成為判斷科學知識的判準。每一個科學家，只可能站在一個真理標準上去評判任何內容，因此沒有人可能站在新舊兩個典範之外，一個所謂絕對中立的基礎上，去對兩個典範進行比較。既然絕對中立的基礎不存在，那麼兩個典範就無從比較，因為所有比較都只是以一個典範的內部價值結構作為基準來評判另一個，那既然舊典範按照定義來說就不符合新典範的判準，從新典範來評論舊理論必然結果就是認為舊理論「不科學」。

孔恩的典範不可共量性同時也表達了他對科學發展的立場，既然典範之間不可共量，那麼科學的進步史觀就不再成立，換句話說，科學發展就不是一條直線，愈來愈進步、愈來愈接近所謂唯一、客觀、中立的真理。這樣的立場並沒有被同時代的所有科學家接受，其中與孔恩在這一點上持相反立場的就是卡爾．波柏（Karl Popper）。下一章我們就將介紹卡爾．波柏，以及他理論的主要對話對象：邏輯實證論（Logical Positivism）。

3分鐘思辨時間

一、「科學典範」是什麼？孔恩又是如何透過這個概念討論科學革命的意涵？

二、你認為科學是線性進步的嗎？如果科學不是愈來愈進步的，是否代表科學沒有發展的必要？

三、科學社群如何影響科學知識的生產規則呢？

第十一章

經驗知識與自然科學——波柏

- 邏輯實證論的轉彎
- 有可能被推翻的才是科學

哲學家小傳

波柏

波柏（Karl Popper）出生於一九〇二年的奧地利，據他自己所言，在「絕對書呆子」的環境中成長，摸索了一陣子之後才決定其志業，並於維也納大學心理學系取得博士學位後，轉而研究科學方法論，就此確立了他終生關注的主題。奧地利被併吞引發波柏對社會和政治哲學的興趣，催生出他廣為人知的作品——《開放社會及其敵人》，嚴厲批判極權主義。隨後，波柏於一九四九年成為倫敦大學的邏輯和科學方法教授，並在一九五九年出版了他在哲學上影響更為深遠的《科學發現的邏輯》，此書公認是科學哲學領域中的開創性經典。波柏的著作豐碩，一直都是非常活躍的學者，還在一九六五年被封為爵士。他在一九六九年從倫敦大學退休，之後仍持續他的講學與創作，直到一九九四年去世為止。

自然科學出現許多顛覆性發展的二十世紀，如何定義科學也出現非常紛雜的哲學討論，而一直從二十世紀到今天，對於「科學到底是什麼」這個問題，不再像前面所介紹的歷史發展，儘管充斥辯論與顛覆，承接關係卻相對簡單，也不似二十世紀以來的科學哲學門派眾多，而且連立論的方式都有著極大的差異。本書介紹的最後一個哲學家，卡爾．波柏，其對話對象源自一個本書到目前為止完全沒有介紹、於一九二〇年代左右興起的哲學學圈，本章會藉著介紹波柏的自然科學定義，將這一脈被稱為邏輯經驗主義（Logical empiricism）（或邏輯實證論（Logical positivism））的發展一併簡單梳理。

第八章介紹康德時，說明康德如何希望以他的知識論統整經驗主義與理性主義之間的困境，因此提出了先驗綜合判斷這樣的概念來證明，就算抽象如數學知識，都是以經驗為基礎，只不過是以經驗的先驗框架為基礎。先不說經驗主義並沒有因為康德就此消失，二十世紀所提出的相對論對絕對時空觀的駁斥，更被某些哲學家視為推翻康德先驗綜合判斷的最好證明，因為康德證明數學是先驗綜合判斷的前提，就是人類理性的框架以絕對時空作為結構。在這樣的脈絡下，出現了一群哲學家積極反對哲學繼續進行形上學研究、尋找人類認知先驗結構，主張以邏輯框架來作為說明科學理論預設的唯一基礎。換句話說，科學理論之所以具有科學性，因為形式上有邏輯必然性作為保障，內容上能夠用經驗歸納來驗證理論，這個學派就是歷史上十分著名，維也納學派的邏輯實證論。

邏輯實證論的轉彎

二十世紀，哲學史上出現了著名的語言轉向，主張傳統哲學研究存在結構、主體結構都流於不可驗證的形上學判斷，進而認為世界、思想、語言之間存在著一個共同結構，也就是形式邏輯結構，可以透過語言來掌握邏輯法則，就能夠在不需要形上學討論的前提下提供對自然世界、思想主體說明的基礎。邏輯實證論就在這樣的脈絡下回到分析語句與綜合語句的區分上，但不同於康德，他們嚴格認定所有分析語句皆為先驗，也就是不需要經驗就能判斷真偽，而所有綜合語句都是後驗，需要以經驗作為判斷基礎。因此，在這樣的定義下，數學與邏輯皆為分析語句、先驗判斷，以此駁斥康德的先驗綜合判斷。

在這樣的前提下，一個句子若為分析語句，就如「單身漢是沒有結婚的男性」，不需要經驗就能判斷為真，而一個綜合語句，像是「天空是藍色」，則必然需要抬頭看天空才能判斷真偽。對於分析語句來說，應透過邏輯法則驗證其判斷為真，而綜合語句則是經驗歸納對判斷結果提供驗證。讀者不難發現，分析與綜合判斷的區分所帶來的一個棘手問題（這一點我們在第八章介紹康德的時候也曾說明過）：分析判斷必然為真，卻沒辦法驗證任何內容，更無法增加知識；反之，綜合判斷能夠推進知識發展，但不一定為真。正是因為分析判斷沒辦法生產任何積極意義的知識，所以邏輯實證論者主張，不僅要以嚴格的邏輯語言來檢驗所有科學理論在形式上符合邏輯推論規則，更要能夠被經驗觀察驗證為真，而所有無法被經驗驗證的語句都沒有實在意義，純屬形上學的空談。換句話說，知識的科學性在於它能夠被經驗驗證的可能性，如果無法被實證，就不是科學。

用簡單一點的方式來說，邏輯實證論者認為世界本身的秩序就是依據邏輯法則建立的，所以當我們透過經驗歸納找出法則，且用數學統整與描述，這些數學公式能夠進一步以邏輯推演的方式來驗證，以此證明對自然現象的數學化解釋是有效的解釋。同時，對於自然的數學化理論也要能夠被經驗驗證，不能只有從數學的角度透過推理判斷為真。比如說，愛因斯坦的廣義相對論在提出的時候並沒有經驗作為驗證，但如果廣義相對論所述為真，那麼光在經過太陽的時候，應該會因為太陽周遭的時空彎曲，使得光束出現偏折。一九一九年五月二十九日，英國的天文學家愛丁頓（Arthur Stanley Eddington）掌握日全蝕出現的機會，驗證廣義相對論中時空彎曲的說法，觀察發現光經過太陽的時候確實出現偏折，而且理論預測的偏折角度在可接受誤差範圍內與實際觀察一致。以這個例子來說，廣義相對論本來已經有數學證明，但對於邏輯實證論者來說，只有當廣義相對論得到經驗驗證的時候才正式成為科學知識。

邏輯實證論的立場在二十世紀後半葉遭到非常多的批評，其中哥德爾的二階邏輯不完備定理證明「邏輯系統不可能有效證明所有系統內部所生產的真語句」這件事，更是給邏輯實證論的根本預設重重一擊，因為邏輯被證明不能提供完備的驗證，因此不能作為驗證所有知識體系的基礎。卡爾·波柏的理論就鑲嵌在批評邏輯實證論的脈絡當中，認為邏輯實證論所主張「知識要被經驗驗證為真才得以成為科學」這樣的立場有所缺失。

波柏對邏輯實證論的批評回到經驗主義自古以來必須面對的挑戰：歸納法的有效性。然而，波柏批判的重點並不是歸納法，而是以個別案例驗證普遍法則的驗證理論。只要仔細觀察就會發現，歸納法和驗證理論兩者的問題癥結完全相同。歸納法之所以被批評，因為歸納法希望從個別案例來推得普遍原則，比如說觀察一百次母雞會下蛋，歸納出所有母雞都會下蛋，這個從個別案例重複出現以推論普遍法則的過程，沒有邏輯必然性作為保障，所以被視為經驗主義永遠必須面對的難題。反過來，我們可能用數學物理的方式來推論出一個普遍原則，比如說廣義相對論，卻認為一次個別的經驗觀察就能夠驗證該普遍原則為真，就好像愛丁頓在日蝕的時候觀察光束經過太陽，以此驗證廣義相對論，對於波柏來說，這跟歸納法會有相同的推論問題——一個普遍原則，沒有辦法因為個別經驗觀察而被驗證為真，不管是一次或者一千次，每一個單次的個別經驗之間都不具有連續性，使得普遍原則得以就此被證明為真。

有可能被推翻的才是科學

儘管科學觀察永遠沒辦法驗證普遍原則，波柏卻認為只要有一次經驗觀察與普遍原則相悖，此經驗就足以否證普遍原則。換句話說，舉再多實例都沒辦法證明某個理論正確無誤，但只要一個反例就可以證明一個理論錯誤，必須推翻或者修改。在這樣的理論預設下，波柏認為，只要是科學就存在被否證的可能，換句話說，不管目前有多少經驗證明一個理論正確無誤，這個理論都有可能被一個反例否證，就像「天陰陰就會下雨」這個原則，只要一場太陽雨就能夠否證這個因果原則。但正因為具備可能被否證的性質，所以在確實被否證之前都應該被視為科學知識。

讀者不難察覺，從本來邏輯實證論講求以經驗觀察實證科學理論，到波柏講求被否證的可能性，這兩種對科學的觀點已經出現非常根本上的差異。對於前者來說，一個自然知識的理論既然被認定能夠透過經驗觀察得到驗證而成為科學，對他們而言，科學這個概念所指的就是成果，而一朝被驗證躍升成為科學之後，如果哪天被另一個理論駁斥，邏輯實證論就很難自圓其說。而對於後者，科學指的是具備否證性可能、但還沒有被否證的普遍理論，換句話說，科學的內容必定有可能被證明是錯的，只是目前還沒有被否證，在這個意義上，「科學」一詞指的是過程，而非結果。在波柏的討論當中，科學變成了不斷嘗試否證、挑戰理論的動詞，而非通過特定條件就自動取得的靜態地位。

讀者也許感到疑惑，到底什麼樣的理論沒有辦法被否證，因此不屬於科學？

對波柏來說，馬克思主義（Marxism）的社會理論以階級鬥爭來說明所有社會現象，一旦有不符合理論之處，便用另一種方式來說明為什麼階級鬥爭在此狀況下沒有出現預期發展，針對每一次的例外，該理論都會發展出另一種方式來說明階級鬥爭，因此這樣的理論永遠沒辦法由經驗觀察來否證。簡單來說，對波柏而言，馬克思的共產主義理論如果屬於科學，就應該在蘇聯共產主義發展不符合其預期的時候便遭到否證，必須被淘汰或修改，但事實發展並非如此，因此對他來說馬克思主義不是科學。

科學，在波柏的眼中，是一種不斷檢驗、建立理論，且致力於否證舊理論、提出新理論的活動。也許相對於從前對科學之為最高知識、絕對為真、普世皆準的期待顯得薄弱許多，但也是這種動態的科學觀，使得科學史上呈現推陳出新的動態能夠得到解釋。相對於前一章所介紹的孔恩，我們可以發現波柏並非意在說明某段時間裡面出現的科學模型，以及模型之間的更替，他更希望說明的是科學之所以作為科學的關鍵定義為何，又是什麼樣的定義能夠既保留科學真理的絕對性質，同時說明歷史上科學發展的動態關係。波柏把科學的問題化約到科學社群的建構上，使得科學真理的意涵只剩下「相對於某個典範為真」，而他深信科學的目標就是愈來愈接近唯一的真相。在這個意義上，被否證的科學理論對波柏來說就是被淘汰、比較不好的理論，而不斷提出的新理論能夠在時間中不被否證，正也代表它接近真理的程度比被淘汰的理論高。可以說在波柏的理論中，雖然增加對於科學歷史動態的說明，但同時也保留了原本科學傳統上進步史觀的態度。

自然科學的論戰到波柏並沒有畫下句點，二十世紀以來，眾多不同的立場與派別繼續相互辯論，本書選擇以波柏作為終點，以他的動態進步科學史觀，為二千年以來針對科學是什麼的哲學辯論畫下一個分號。

3分鐘思辨時間

一、從本節來看，邏輯實證論為什麼可以被歸為經驗主義？

二、讀完本章，請用自己的話說明波柏如何批判邏輯實證論？

三、你認為波柏對科學的定義是太寬鬆，或是太嚴謹？你如此認為的理由又是什麼？

——後記——

哲學史中的科學交響樂章

這本橫跨兩千多年的單一主題性哲學史終於在兩個春夏秋冬後走到了最後出版的時刻了。遙想當年自己剛上哲學系，連續兩年上著所有哲學系的必修課，西洋哲學史時，常懷抱著非常矛盾的心情：背誦每個書中哲學家的理論好像很厲害，但到底有什麼意義？記憶不好又非常不喜歡死背內容的我，一直都對哲學史既嚮往又厭惡，嚮往的是欣賞前人如大海般廣闊的思想與對生命的探問，厭惡的則是大量資訊堆積讓哲學史變得瑣碎又紛雜。正是這個原因，哲學新媒體有製作聲音節目的計畫時，我嘗試為對哲學已經有興趣的聽眾製作有主題性的哲學史。這一部哲學史內容，儘管篇幅不似大部分哲學史那麼龐大，涉及的哲學家也只局限在十多位，但絕對能夠讓讀者理解閱讀哲學史的意義遠遠不在於汲取歷史資訊。哲學史，不是哲學思想按照時間順序排列出來的歷史資訊，而是理解我們當下文明思想進程是在什麼樣的思想動態下沖積出來的結果。大家所熟知的哲學家也不是單打獨鬥、孤立在時間與空間中的流浪者，而是整個星際中讓星空能以星宿列陣被觀看、座落在特定脈絡、有著和其他星球特定互動關係的。

在台灣的教育脈絡，哲學史，即便在哲學系當中，都時常被當作思辨程度或論證能力需求較低的活動，更在很多偏見當中變成了「適合女生從事的哲學領域」。這本哲學史作品的首要企圖，就在於讓真正的哲學史研究重新展現在大家眼前，並且讓大家知道，哲學史研究不在於資料整理，而在於找出貫穿哲學家思想的動態結構。也許讀者會感到疑惑：在一個哲學普及社群都在經營各類能為受眾的生活帶來具體用途的哲學知識之時，為什麼哲學新媒體推出的會是看起來對生活毫無用途的哲學史節目？

正如同亞里斯多德所言，哲學的起點是驚嘆、是好奇、是讓人想詢問、探索的求知欲，而不是任何具體的用途，不管這些用途是在倫理道德、生活智慧、思辨技巧，這些能派上確切用途之處，都只是真正的哲學活動能帶來的附加價值罷了。我一直如此深信：哲學回應的是人求知的嚮往，不是具體的需求，這就是為什麼哲學能夠不斷顛覆既有的知識框架，因為它不回應既有框架中的任何特定內容。因此，哲學興趣要能感染群眾，首先要激發的是好奇心，是提問的動力。正是因此，我選擇了「自然科學」作為哲學史系列的第一個主題。「自然科學」，不管是「自然」還是「科學」或是「自然科學」，每一個都承載了人類文明最強烈的求知欲望，但也因為是求知欲凝聚之處，同時也是成見最厚實之處。

不管在哪一個國家、哪一個社會，「自然科學」都透過教育過程在每一個學生心中植下某種印象，不管這個印象帶給學生的是某種科學的高不可及，又或者相反地帶來高人一等、睥睨群氓的成就感。這一本自然科學的哲學史，不是科學哲學、不是自然科學，而是一本討論「自然科學」概念演進的哲學史，希望讓科學人看到自然科學背後的人文意義，讓人文藝術者看到人文與科學同源之處。

本書是哲學新媒體推出的 Podcast〈冰的哲學〉聲音節目的成果，第一季以自然科學為主題，幾乎涉略了哲學史上最有名的西方哲學家，本書內容則再多添加了孔恩與波柏，讓內容更為完整。這個聲音節目不僅吸引到原本就對哲學有興趣的聽眾，更吸引到那些原本對自然科學比較有興趣的聽眾。從節目推出以來，不斷有聽眾來信，希望繼續製作更多主題性的哲學史節目，因此哲學新媒體也接著推出了「人文科學」和「邏輯」的哲學史，漸漸培養出愈來愈多的聽眾，甚是讓人欣慰。本書的成書過程，感謝聽眾一路陪伴，讓艱難的內容生產過程也有了幾絲甜。

孫有蓉
法國巴黎索邦第一大學哲學系講師
二〇二二年八月一日，寫於法國巴黎

水變成冰是哲學問題？

ithink
RI7003

12位大哲學家╳11次劃時代重要翻轉，
一部寫給所有人的自然科學哲學史

•策畫：哲學新媒體•主筆：孫有蓉／協力：邱獻儀（Lynn）•封面設計．插畫：廖勁智•協力編輯：沈如瑩•主編：徐凡•責任編輯：李培瑜•國際版權：吳玲緯•行銷：闕志勳、吳宇軒、陳欣岑•業務：李再星、陳紫晴、陳美燕、葉晉源•總編輯：巫維珍•編輯總監：劉麗真•總經理：陳逸瑛•發行人：凃玉雲•出版社：麥田出版／城邦文化事業股份有限公司／104台北市中山區民生東路二段141號5樓／電話：(02) 25007696／傳真：(02) 25001966、發行：英屬蓋曼群島商家庭傳媒股 份有限公司城邦分公司／台北市中山區民生東路二段141號11樓／書虫客戶服務專線：(02) 25007718；25007719／24小時傳真服務：(02) 25001990；25001991／讀者服務 信箱：service@readingclub.com.tw／劃撥帳號：19863813／戶名：書虫股份有限公司 •香港發行所：城邦（香港）出版集團有限公司／香港灣仔駱克道193號東超商業中心1樓／電話：(852) 25086231／傳真：(852) 25789337•馬新發行所／城邦（馬新）出版集團【Cite (M) Sdn. Bhd.】／41, Jalan Radin Anum, Bandar Baru Sri Petaling, 57000 Kuala Lumpur, Malaysia.／電話：+603-9056-3833／傳真：+603-9057-6622／讀者服務信 箱：services@cite.my•印刷：漾格科技股份有限公司•2022年10月初版一刷•定價350元

國家圖書館出版品預行編目資料

水變成冰是哲學問題？：12位大哲學家╳11次劃時代重要翻轉，一部寫給所有人的自然科學哲學史／哲學新媒體策畫／孫有蓉主筆 邱獻儀（Lynn）協力. -- 初版. -- 臺北市：麥田出版，城邦文化事業股份有限公司出版：英屬蓋曼群島商家庭傳媒股份有限公司城邦分公司發行, 2022.10

面；　公分. -- (ithink 哲學書系；RI7003)

ISBN 978-626-310-290-3（平裝）
EISBN 9786263103023（EPUB）

1. CST: 科學哲學

301.1　　　111011092